GAODENG ZHIYE JIAOYU GONGCHENG ZAOJIA ZHUANYE GUIHUA JIAOCAI

重大版·建筑

高等职业教育

工程造价专业规划教材

U1021387

GONGCHENGLIANG
QINGDAN JIJIA XITIJI

工程量清单计价习题集

主　编　胡晓娟
副主编　高红艳　袁　鹰
　　　　侯　兰　夏一云

重庆大学出版社

内容提要

本习题集主要根据《建设工程工程量清单计价规范》(GB 50500—2013)、《房屋建筑与装饰工程工程量计算规范》(GB 50854—2013)、国家现行设计标准及西南现行图集进行编写。包括单选题、多选题、判断题、填空题、思考题和操作题，内容全面且有一定的深度，重视与招投标、合同管理、施工组织设计等知识的衔接，另外附有典型工程图纸。

本习题集既可以与高职院校工程造价专业"工程量清单计价"课程配套使用，也可以与工程管理、建筑工程技术等专业工程造价类课程配套使用，还可以作为造价人员的自学资料。

图书在版编目(CIP)数据

工程量清单计价习题集/胡晓娟主编．—重庆：重庆大学出版社，2014.10(2021.1 重印)

高等职业教育工程造价专业规划教材

ISBN 978-7-5624-8577-3

Ⅰ.①工… Ⅱ.①胡… Ⅲ.①建筑工程—工程造价—高等职业教育—习题集 Ⅳ.①TU723.3-44

中国版本图书馆 CIP 数据核字(2014)第 208704 号

高等职业教育工程造价专业规划教材

工程量清单计价习题集

主　编　胡晓娟

副主编　高红艳　袁　鹰

侯　兰　夏一云

责任编辑：刘颖果　　版式设计：刘颖果

责任校对：贾　梅　　责任印制：赵　晟

*

重庆大学出版社出版发行

出版人：饶帮华

社址：重庆市沙坪坝区大学城西路 21 号

邮编：401331

电话：(023) 88617190　88617185(中小学)

传真：(023) 88617186　88617166

网址：http://www.cqup.com.cn

邮箱：fxk@cqup.com.cn (营销中心)

全国新华书店经销

重庆市国丰印务有限责任公司印刷

*

开本：787mm×1092mm　1/16　印张：10　字数：250 千

2014 年 10 月第 1 版　　2021 年 1 月第 6 次印刷

印数：12 501—15 500

ISBN 978-7-5624-8577-3　定价：29.00 元

本书如有印刷、装订等质量问题，本社负责调换

版权所有，请勿擅自翻印和用本书

制作各类出版物及配套用书，违者必究

编委会

顾　问　尹贻林　阎家惠

主　任　武育秦

副主任　刘　洁　崔新媛

委　员　（以姓氏笔画为序）

马　楠　王小娟　王　亮　王海春　付国栋
刘三会　刘　武　许　光　李中秋　李绪梅
宋宗宇　张　川　吴心伦　杨甲奇　吴安来
张建设　张国梁　时　思　钟汉华　郭起剑
胡晓娟　涂国志　崔新媛　盛文俊　蒋中元
彭　元　谢远光　韩景玮　廖天平　黎　平

特别鸣谢(排名不分先后)

天津理工大学经济管理学院
重庆市建设工程造价管理总站
重庆大学
重庆交通大学应用技术学院
重庆工程职业技术学院
平顶山工学院
江苏建筑职业技术学院
番禺职业技术学院
青海建筑职业技术学院
浙江万里学院
济南工程职业技术学院
湖北水利水电职业技术学院
洛阳理工学院
邢台职业技术学院
鲁东大学
成都大学
四川建筑职业技术学院
四川交通职业技术学院
湖南交通职业技术学院
青海交通职业技术学院
河北交通职业技术学院
江西交通职业技术学院
新疆交通职业技术学院
甘肃交通职业技术学院
山西交通职业技术学院
云南交通职业技术学院
重庆三峡学院
重庆市建筑材料协会
重庆市交通大学管理学院
重庆市建设工程造价管理协会
重庆泰莱建设工程造价咨询有限公司
重庆江津市建设委员会

序

《高等职业教育工程造价专业规划教材》于1992年由重庆大学出版社正式出版发行，并分别于2002年和2006年对该系列教材进行修订和扩充，教材品种数也从12种增加至36种。该系列教材自问世以来，受到全国各有关院校师生及工程技术人员的欢迎，产生了一定的社会反响。编委会就广大读者对该系列教材出版的支持、认可与厚爱，在此表示衷心的感谢。

随着我国社会经济的蓬勃发展，建筑业管理体制改革的不断深化，工程技术和管理模式的更新与进步，以及我国工程造价计价模式和高等职业教育人才培养模式的变化等，这些变革必然对该专业系列教材的体系构成和教学内容提出更高的要求。另外，近年来我国对建筑行业的一些规范和标准进行了修订，如《建设工程工程量清单计价规范》(GB 50500)等。为适应我国"高等职业教育工程造价专业"人才培养的需要，并以系列教材建设促进其专业发展，重庆大学出版社通过全面的信息跟踪和调查研究，在广泛征求有关院校师生和同行专家意见的基础上，决定重新改版、扩充以及修订《高等职业教育工程造价专业规划教材》。

本系列教材的编写是根据国家教育部制定颁发的《高职高专教育专业人才培养目标及规格》和《工程造价专业教育标准和培养方案》，以社会对工程造价专业人员的知识、能力及素质需求为目标，以国家注册造价工程师考试的内容为依据，以最新颁布的国家和行业规范、标准、法规为标准而编写的。本系列教材针对高等职业教育的特点，基础理论的讲授以应用为目的，以必需、够用为度，突出技术应用能力的培养，反映国内外工程造价专业发展的最新动态，体现我国当前工程造价管理体制改革的精神和主要内容，完全能够满足培养德、智、体全面发展的，掌握本专业基础理论、基本知识和基本技能，获得造价工程师初步训练，具有良好综合素质和独立工作能力，会编制一般土建、安装、装饰、工程造价，初步具有进行工程造价管理和过程控制能力的高等技术应用型人才。

由于现代教育技术在教学中的应用和教学模式的不断变革，教材作为学生学习功能的唯一性正在淡化，而学习资料的多元性也正在加强。因此，为适应高等职业教育“弹性教学”的需要，满足各院校根据建筑企业需求，灵活调整及设置专业培养方向。我们采用了专业“共用课程模块＋专业课程模块”的教材体系设置，给各院校提供了发挥个性和设置专业方向的空间。

本系列教材的体系结构如下：

共用课程模块	建筑安装模块	道路桥梁模块
建设工程法规	建筑工程材料	道路工程概论
工程造价信息管理	建筑结构基础	道路建筑材料
工程成本与控制	建设工程监理	公路工程经济
工程成本会计学	建筑工程技术经济	公路工程监理概论
工程测量	建设工程项目管理	公路工程施工组织设计
工程造价专业英语	建筑识图与房屋构造	道路工程制图与识图
	建筑识图与房屋构造习题集	道路工程制图与识图习题集
	建筑工程施工工艺	公路工程施工与计量
	电气工程识图与施工工艺	桥隧施工工艺与计量
	管道工程识图与施工工艺	公路工程造价编制
	建筑工程造价	公路工程招投标与合同管理
	安装工程造价	公路工程造价管理
	安装工程造价编制指导	公路工程施工放样
	装饰工程造价	
	工程招投标与合同管理	
	建筑工程造价管理	
	工程结算	
	工程量清单计价习题集	

注：①本系列教材赠送电子教案。

②希望各院校和企业教师、专家参与本系列教材的建设，并请毛遂自荐担任后续教材的主编或参编，联系 E-mail：linqs@ cqup. com. cn。

本次系列教材的重新编写出版，对每门课程的内容都作了较大增加和删改，品种也增至 36 种，拓宽了该专业的适应面和培养方向，给各有关院校的专业设置提供了更多的空间。这说明，该系列教材是完全适应工程造价相关专业教学需要的一套好教材，并在此推荐给有关院校和广大读者。

编委会

2012 年 4 月

前言

本习题集是按照《建设工程工程量清单计价规范》(GB 50500—2013)、《房屋建筑与装饰工程工程量计算规范》(GB 50854—2013)以及《建筑工程施工发包与承包计价管理办法》等现行造价相关的法律法规进行编写,是“工程量清单计价”“建筑工程计量与计价”类课程的配套学习资料。

本习题集的主要特点如下:

(1)新。以最新的法律规定、计价规范、计量规范、设计标准等为编写依据。

(2)实用。选择有代表性的工程图例和完整的图纸作为练习题,内容全面并有一定的深度,重视与工作实际的结合,如注意工程计量与计价和招标文件、施工方案、合同等内容的衔接,有利于培养学生综合应用各方面知识的能力。

(3)规范。参考造价员和造价工程师的题型和内容,主要分为单选题、多选题、判断题、填空题、思考题、操作题。

(4)具有一定的灵活性。为了适应不同地区、不同学校的教学需要,操作题中采取开放性条件,涉及施工方案、地方规定、计价规定、价格信息、投标策略等内容,题目给出部分条件,与地方规定有关的,由教师引导学生根据当地实际情况补充完善条件。

(5)遵循由浅入深、螺旋式提高的教育规律。本习题集不仅提供了大量的工程图例,还提供了两套完整的具有代表性的实际工程施工图,一套单层框架、一套框剪结构的小高层,可供练习者进行连贯练习。单独图例的练习可在习题集中的相应表格内完成,连续练习可按当地现行的表格练习,并装订成册。

本习题集的答案可在重庆大学出版社教育资源网(http://www.cqup.con.cn/edusrc/index.aspx)上下载。

本习题集由四川建筑职业技术学院胡晓娟、高红艳、袁鹰、侯兰、夏一云老师共同完成,由于时间匆忙,习题集可能存在错误及不妥之处,恳请老师和同学们在使用过程中及时反馈,并提出宝贵意见。

编　者

2014 年 7 月

目录

1 工程量清单计价概述

【练习目标】

(1)巩固工程造价基础知识;

(2)巩固建筑安装工程费用的构成;

(3)理解《建设工程工程量清单计价规范》的作用和意义;

(4)掌握《建设工程工程量清单计价规范》的一般规定。

1. 单选题(选择最符合题意的答案)

(1)建设工程造价有两种含义,从业主和承包商的角度可以分别理解为( )。

A. 建设工程固定资产投资和建设工程承发包价格

B. 建设工程总投资和建设工程承发包价格

C. 建设工程总投资和建设工程固定资产投资

D. 建设工程动态投资和建设工程静态投资

(2)某民用工程,土地出让金及手续费等支出 50 万元,勘察设计费用支出 10 万元,设备及购置费支出 300 万元,建筑安装工程费用支出 2 000 万元,甲方管理费支出 15 万元,监理费用支出 20 万元。该工程广义上的工程造价是( )万元。

A. 2 000　　B. 2 060　　C. 2 000　　D. 2 395

(3)某建筑建造过程中的有关费用如下:分部分项工程费 1 000 万元,措施费 30 万元,其他项目费 20 万元,规费 5 万元,税金 40 万元,土地费用 400 万元。该建筑工程的建安工程费用是( )万元。

A. 1 095　　B. 1 050　　C. 1 090　　D. 1 495

(4)按照建标[2013]44 号文件,建筑安装工程费用按照造价形成过程分为( )。

A. 直接费、间接费、利润和税金

B. 人工费、材料费、施工机械使用费、企业管理费、利润、规费、税金

C. 人工费、材料费及工程设备费、施工机具使用费、企业管理费、利润、规费、税金

D. 分部分项工程费、措施项目费、其他项目费、规费、税金

(5)按照建标[2013]44 号文件,建筑安装工程费用按照构成要素组成分为( )。

A. 直接费、间接费、利润和税金

B. 人工费、材料费及工程设备费、施工机具使用费、企业管理费、利润、规费、税金

C. 人工费、材料费、施工机械使用费、企业管理费、利润、规费、税金

D. 分部分项工程费、措施项目费、其他项目费、规费、税金

(6)建筑产品的( )决定了建筑产品需要单独计价。

A. 大额性　　B. 单件性　　C. 动态性　　D. 层次性

(7)(　　)是工程造价中最活跃的部分。

A. 土地费用　　B. 勘测合同价　　C. 建筑安装工程造价　D. 设计合同价

(8)从估算到结算,工程造价随着资源价格、政策等因素会不断变化,直到结算才能最终确定其价格,这说明工程造价具有(　　)。

A. 大额性　　B. 差异性　　C. 动态性　　D. 层次性

(9)工程之间千差万别,在用途、结构、造型、坐落位置等方面都有不同,内容和实物形态的个别差异决定了工程造价的(　　)特点。

A. 大额性　　B. 单件性　　C. 动态性　　D. 层次性

(10)建设工程周期长、规模大、造价高,不可能一次确定准确的价格,要在建设各个阶段分别进行多次计价,以保证工程造价确定和控制的科学性。这反映了工程造价的(　　)特点。

A. 阶段性　　B. 差异性　　C. 动态性　　D. 层次性

(11)单项工程造价是由单位工程造价汇总而成,建设项目总造价是由单项工程造价与工程建设其他费用等汇总而成,这说明工程造价具有(　　)。

A. 大额性　　B. 差异性　　C. 动态性　　D. 层次性

(12)属于单位工程的是(　　)。

A. 某大学　　B. 某大学的实验大楼

C. 某大学实验大楼的建筑与装饰工程　　D. 某大学实验大楼土建工程的基础工程

(13)定额计价方式与工程量清单计价方式的相同之处在于(　　)的一致性。

A. 工程量计算规则　　B. 项目划分单元

C. 风险分担　　D. 从下而上分步组合计价方法

(14)国有投资的工程建设项目,(　　)采用工程量清单计价。

A. 可　　B. 宜　　C. 应该　　D. 必须

(15)工程量清单应采用(　　)计价。

A. 工料单价　　B. 综合单价

(16)国有投资为主是指国有资金占投资总额的(　　)%以上,或虽不足该比例,但国有投资者实质上拥有控股权的工程建设项目。

A. 50　　B. 55　　C. 60　　D. 65

2. 多选题(多选、错选不得分)

(1)建设单位在不同的建设阶段又可能被称为(　　)。

A. 招标单位　　B. 投标单位　　C. 业主　　D. 承包单位

(2)下列属于建筑安装工程费用的有(　　)。

A. 分部分项工程费　　B. 措施项目费　　C. 设备购置费　　D. 土地使用费

(3)本地区计价定额的定额基价(定额单价)由(　　)组成。

A. 人工费　　B. 材料费　　C. 企业管理费

D. 机械费或机具费　　E. 规费　　F. 税金　　G. 利润

(4)本地区计价定额的人工消耗量包括(　　)。

A. 基本用工　　B. 辅助用工　　C. 其他用工　　D. 机械操作用工

E. 人工幅度差　　F. 超运距用工

(5)本地区计价定额的材料消耗量包括(　　)。

A. 直接消耗使用量　B. 采购运输损耗　C. 现场运输损耗　D. 施工操作损耗

E. 现场堆放损耗

(6)建设工程发承包及实施阶段的工程造价应由(　　)、规费和税金组成。

A. 直接费　B. 间接费　C. 分部分项工程费　D. 措施项目费

E. 其他项目费

(7)受《建设工程工程量清单计价规范》约束的计价活动是(　　)。

A. 投资估算　B. 设计概算　C. 招标控制价

D. 工程价款调整与支付　E. 工程结算

(8)具有编制招标工程量清单、招标控制价、投标报价、工程量计量、合同价款调整、合同价款结算与支付以及工程造价鉴定等工程造价文件的编制与核对资格的人员是(　　)。

A. 监理工程师　B. 造价工程师　C. 造价员　D. 建造师

(9)建设工程发承包及实施阶段的计价活动应遵循(　　)的原则。

A. 客观　B. 公平　C. 公正　D. 公开

(10)下面属于国有资金投资的建设项目是(　　)。

A. 某公办学校使用财政预算资金建设教学楼

B. 某国有企业单位利用自有资金建设经济适用房

C. 某企业利用国家政策性贷款建设厂房

D. 某民营房地产开发企业利用商业贷款开发商品房

(11)不能竞争的费用是(　　)。

A. 安全文明施工费　B. 规费　C. 企业管理费　D. 税金

(12)综合单价是指完成一个规定清单项目所需的人工费、材料和工程设备费、施工机具使用费和(　　)。

A. 企业管理费　B. 利润　C. 税金　D. 规费

E. 一定范围内的风险费用

(13)根据我国的《工程造价咨询企业管理办法》,工程造价咨询企业资质等级分为(　　)级。

A. 甲　B. 乙　C. 丙　D. 丁

(14)工程造价咨询企业依法从事工程造价咨询活动,下列说法正确的是(　　)。

A. 不受行政区域限制

B. 甲级工程造价咨询企业可以从事各类建设项目的工程造价咨询业务

C. 乙级工程造价咨询企业可以从事工程造价 5 000 万元人民币以下的各类建设项目的工程造价咨询业务

D. 乙级工程造价咨询企业可以从事工程造价 8 000 万元人民币以下的各类建设项目的工程造价咨询业务

(15)乙级工程造价咨询企业资质标准描述正确的是(　　)。

A. 企业出资人中,注册造价工程师人数不低于出资人总人数的 60%,且其出资额不低于注册资本总额的 60%

B. 技术负责人已取得造价工程师注册证书，并具有工程或工程经济类高级专业技术职称，且从事工程造价专业工作10年以上

C. 取得造价工程师注册证书的人员不少于5人，其他人员具有从事工程造价专业工作的经历

D. 企业注册资本不少于人民币50万元

(16)依据《建筑工程施工发包与承包计价管理办法》，以下描述正确的是(　　)。

A. 国有资金投资的建筑工程招标的，应当设有最高投标限价

B. 该办法文件所称工程发承包计价包括编制工程量清单、最高投标限价、招标标底、投标报价、进行工程结算，以及签订和调整合同价款等活动

C. 全部使用国有资金投资或者以国有资金投资为主的建筑工程(以下简称国有资金投资的建筑工程)，应当采用工程量清单计价

D. 最高投标限价及其成果文件，应当由招标人报工程所在地县级以上地方人民政府住房和城乡建设主管部门备案

E. 非国有资金投资的建筑工程招标的，应当设有最高投标限价或者招标标底

3. 判断题(正确的打"√"，错误的打"×")

(1)《建设工程工程量清单计价规范》只约束工程量清单计价方式下的工程计价活动。(　　)

(2)不论采取什么计价方式，工程造价均由分部分项工程费、措施项目费、其他项目费、规费和税金五部分组成。(　　)

(3)承担工程造价文件的编制与核对的工程造价人员应对工程造价文件的质量负全责。(　　)

(4)工程造价咨询人只是指取得工程造价咨询资质等级证书，接受委托从事建设工程造价咨询活动的当事人。(　　)

(5)工程造价人员是指取得工程造价师注册证书或全国建设工程造价员资格证书，在一个单位注册从事工程造价活动的专业人员。(　　)

(6)我国实行的综合单价是不完全的综合单价。(　　)

(7)实行工程量清单计价应采用综合单价，即分部分项工程项目、措施项目和其他项目的计价都是包括除了规费、税金以外的所有金额。(　　)

(8)非国有资金投资的建设项目，宜采用工程量清单计价。(　　)

(9)据全国建设工程造价员管理办法[中价协[2011]021号]，全国建设工程造价员是指按照相关规定通过造价员资格考试，取得全国建设工程造价员资格证书，并经登记注册取得从业印章，从事工程造价活动的专业人员。(　　)

(10)据全国建设工程造价员管理办法[中价协[2011]021号]，资格证书和从业印章是造价员从事工程造价活动的资格证明和工作经历证明，全国建设工程造价员资格证书在全国有效。(　　)

(11)据全国建设工程造价员管理办法[中价协[2011]021号]，取得资格证书的人员，可自资格证书签发之日起1年内申请登记，逾期未申请登记的，须符合继续教育要求后方可申请登记。(　　)

4. 思考题

(1)制定《建设工程工程量清单计价规范》及各专业工程计量规范的意义是什么?

(2)本地区计价定额适用的工程范围和计价范围是什么?

(3)本地区执行《建设工程工程量清单计价规范》的配套规定或文件有哪些?

(4)《建设工程工程量清单计价规范》(GB 50500—2013)有什么特点?

(5)收集工程造价的地方规定。

5. 操作题

基础平面图如图 1.1 所示,根据当地计价定额,计算不同形式的条形基础工程量。

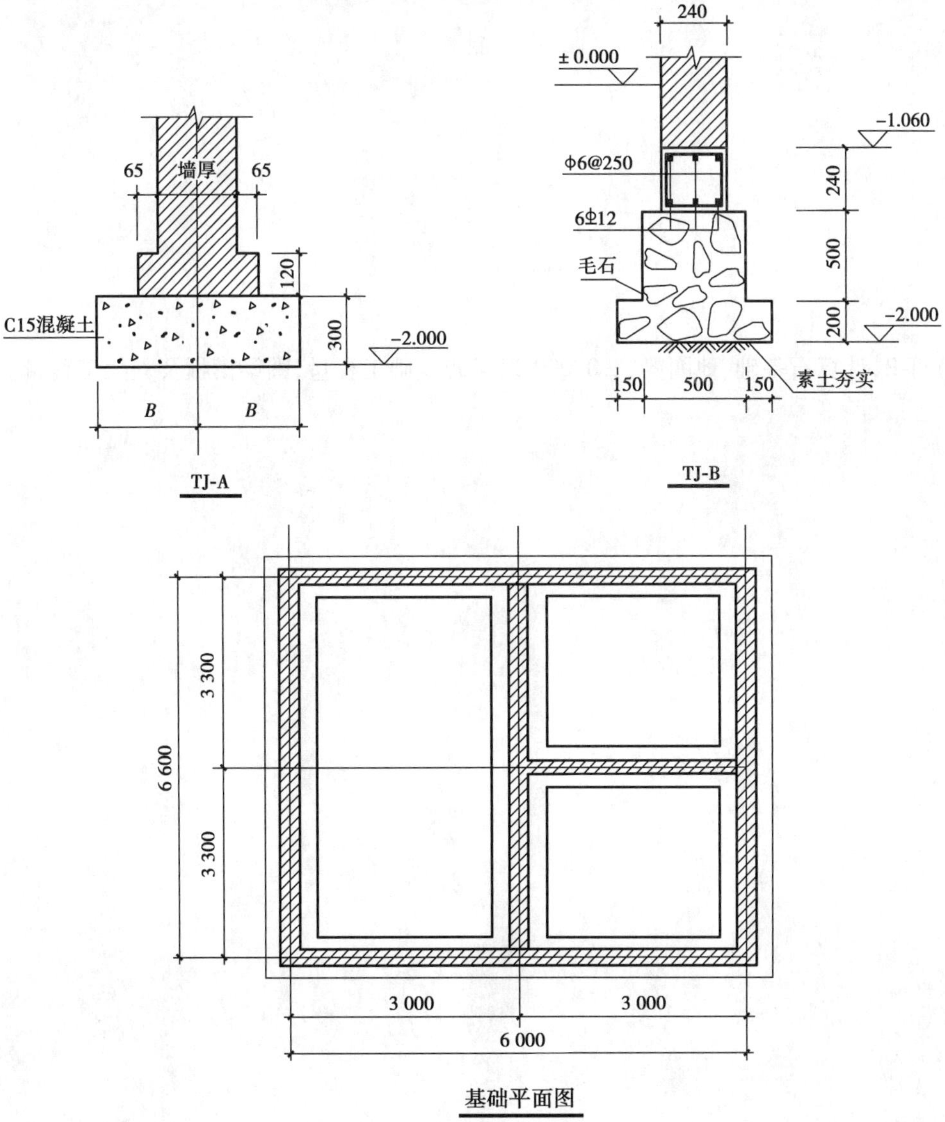

图 1.1 基础平面图

（1）TJ-A，标准砖砌筑，一砖半厚，$B=500$ mm，计算垫层混凝土及模板工程量、±0.000 以下砖基础工程量。

（2）TJ-B，计算石基础、地圈梁、±0.000 以下砖基础工程量，圈梁模板及支架工程量。

2 工程量清单编制

【练习目标】

(1)掌握工程量清单编制的主要规定;

(2)提高工程识图能力;

(3)提高工程量计算能力;

(4)能编制招标工程量清单。

2.1 工程量清单编制概述

1.单选题(选择最符合题意的答案)

(1)招标工程量清单的准确性和完整性由(　　)负责。

A.造价工程师　　B.造价咨询人　　C.招标人　　D.投标人

(2)某清单项目编码010101001001,前两位“01”表示的是(　　)。

A.房屋建筑与装饰工程　　B.房屋建筑工程

C.安装工程　　D.砌筑工程

(3)项目编码01B001表示(　　)。

A.该项目是房屋建筑工程的补充项目

B.该项目是房屋建筑与装饰工程的补充项目

C.该项目是安装工程的补充项目

D.该项目是市政工程的补充项目

(4)项目特征是构成分部分项工程项目、措施项目自身价值的(　　)特征。

A.基本　　B.主要　　C.本质　　D.关键

(5)用于合同签订尚未确定或者不可预见的所需材料、工程设备、服务的采购,施工中可能发生的工程变更,合同约定调整因素出现时的合同价款调整以及发生的索赔、现场签证确认等费用的是(　　)。

A.暂列金额　　B.暂估价　　C.其他项目费　　D.计日工

(6)应保留小数点后三位数字,第四位小数四舍五入的计量单位是(　　)。

A.m　　B.m^2　　C.m^3　　D.t

(7)某清单项目编码 0401001001 中,“04”表示的是(　　)。

A. 房屋建筑与装饰工程　　B. 房屋建筑工程

C. 砌筑工程　　D. 市政工程

2. 多选题(多选、错选不得分)

(1)下列说法正确的是(　　)。

A. 工程量清单在工程发承包的不同阶段细化为招标工程量清单和已标价工程量清单

B. 工程量清单包括分部分项工程量清单、措施项目清单、规费清单和税金清单

C. 招标工程量清单随招标文件发布,是投标报价的共同基础

D. 已标价工程量清单是合同文件的组成部分

(2)工程量清单的编制主体可以是(　　)。

A. 具有编制能力的招标人　　B. 造价员

C. 具有相应资质的工程造价咨询人　　D. 造价工程师

(3)招标工程量清单是编制(　　)的依据之一。

A. 招标控制价　　B. 投标报价　　C. 计算或调整工程量

D. 调整合同价款　　E. 办理竣工结算　　F. 招标文件

(4)编制招标工程量清单应依据(　　)。

A. GB 50500 和国家计量规范

B. 国家或省级、行业建设主管部门颁发的计价定额和办法

C. 建设工程设计文件及相关文件

D. 施工现场情况、工程特点及常规施工方案

E. 招标文件

F. 已审核的施工组织设计

G. 企业定额

(5)招标工程量清单由(　　)组成。

A. 措施项目清单　　B. 规费项目清单　　C. 税金项目清单

D. 分部分项工程量清单　　E. 综合单价清单　　F. 其他项目清单

(6)构成分部分项工程量清单的要素包括(　　)。

A. 工程量　　B. 项目编码　　C. 计量单位

D. 工程内容　　E. 计算规则　　F. 项目特征

G. 项目名称

(7)编制招标工程量清单的合理顺序是(　　)。

A. 编制税金项目清单　　B. 编制规费项目清单　　C. 编制其他项目清单

D. 编制措施项目清单　　E. 编制分部分项工程量清单

(8)编制分部分项工程量清单的合理顺序是(　　)。

A. 计算工程量　　B. 分部分项工程项目划分

C. 确定项目编码和项目名称　　D. 描述项目特征

E. 确定计量单位
F. 将工程量填入清单表格

(9)下列关于分部分项工程项目划分说法合理的是(　　)。

A. 按照本地区计价定额进行划分
B. 按照专业计量规范的附录进行划分
C. 计量规范附录中明确应单独设置的项目不宜包含在其他项目中设置
D. 项目划分的多少与项目特征描述有关

(10)下列关于项目编码描述正确的是(　　)。

A. 是分部分项工程和措施项目清单名称的阿拉伯数字标识
B. 采用 12 位阿拉伯数字标识,10 至 12 位由编制人设置
C. 同一招标的不同单项工程其项目编码可以重复
D. 01B001 表示是建筑与装饰工程的补充项目

(11)下列关于项目编码的描述,正确的是(　　)。

A. 1、2 位为专业工程代码
B. 3、4 位为附录分类顺序码
C. 5、6 位为分部工程顺序码
D. 7、8、9 位为分项工程名称顺序码
E. 10、11、12 位为清单项目名称顺序码
F. 后 6 位为自编码

(12)下列关于补充项目编码的描述,正确的是(　　)。

A. 补充代码由各专业工程代码与 B 和 12 位阿拉伯数字组成
B. 同一招标工程的补充项目编码不得重复
C. 补充项目应包括补充项目的项目名称、项目特征、计量单位、工程量计算规则和工作内容
D. 补充项目应报省级或行业工程造价管理机构备案

(13)关于项目特征,说法正确的是(　　)。

A. 项目特征是确定综合单价的依据
B. 项目特征就是工程内容
C. 项目特征是履行合同义务的基础
D. 项目特征是区分清单项目的依据

(14)下列属于必须在项目特征中描述的是(　　)。

A. 涉及结构要求的内容
B. 涉及材质要求的内容
C. 涉及安装方式的内容
D. 附录提示的每项内容

(15)可以不详细描述的内容是(　　)。

A. 无法准确描述的内容,如土壤类别
B. 施工图纸、标准图集标注明确的
C. 由投标人确定的内容,如土方运距等
D. 材料种类及规格要求

(16)下列关于项目特征的阐述,正确的是(　　)。

A. 特征描述的方式有“问答式”或“简化式”两种方式
B. “问答式”全面、详细,但是显得繁琐

C."简化式"简洁明了

D.一份清单中同时采用"问答式"和"简化式"也是合理的

(17)下列关于措施项目的阐述,正确的是(　　)。

A.可以发生在工程施工前　　B.可以发生在施工过程中

C.可以发生在施工结束后　　D.是工程实体项目的费用

E.是非工程实体项目的费用

(18)应保留小数点后两位数字,第三位小数四舍五入的计量单位是(　　)。

A. m　　B. m^2　　C. m^3　　D. t

(19)应保留为整数的计量单位是(　　)。

A.个　　B. m　　C.组　　D.件

3.判断题(正确的打"√",错误的打"×")

(1)招标工程量清单必须作为招标文件的组成部分。(　　)

(2)招标工程量清单应以建设项目为单位编制。(　　)

(3)措施项目必须按照国家计量规范,并根据拟建项目的实际情况列项。(　　)

(4)计日工就是承包人完成发包人提出的工程合同范围以外的零星项目所需的人工。(　　)

(5)工业与民用的房屋建筑与装饰工程发承包及实施阶段计价活动中的工程计量和工程量清单编制必须按照 GB 50854 规定的工程量计算规则进行工程计量。(　　)

(6)规范中有两个或两个以上计量单位的清单项目,必须按照不同的计量单位分别计算工程量。(　　)

(7)国家计量规范各清单项目仅列出了主要工程内容,除另有规定和说明外,应视为已经包括完成该项目所列或未列的全部工程内容。(　　)

(8)分部分项工程量清单项目的名称必须按照规范附录中的名称确定。(　　)

4.思考题

(1)招标工程量清单的作用是什么?

(2)招标工程量清单的编制依据有哪些?如何收集?

5.操作题

(1)根据＿＿＿＿＿＿＿＿工程施工图(可在提供的图纸中自行选择),按照本地区计价定额进行项目划分。

【练习目的】　进一步熟悉定额项目,以及计价定额的计价规则。

【说明】　为了方便学习和练习,在此提供参考格式,练习人参考表2.1进行项目划分,并写出工程量计算式,可不写具体计算步骤。

表2.1　分部分项工程项目及单价措施项目表(按定额划分)

工程名称:　　　　第　页共　页

序号	项目编码	项目名称	单位	工程量	计算式

(2)根据________工程施工图,按照《房屋建筑与装饰工程工程量计算规范》(GB 50854—2013)进行项目划分。

【练习目的】 初步熟悉计量规范,与按定额划分的项目进行对比,掌握两者的主要不同(在项目划分、计算规则等方面的主要不同)。

【说明】 为了方便学习和练习,在此提供参考格式,练习人可参考设计表格(见表2.2)进行项目划分,并写出工程量计算式,可不写具体计算步骤。

表2.2 分部分项工程项目和单价措施项目表(按照国家计量规范划分)

工程名称: 第 页共 页

序号	项目编码	项目名称	项目特征描述	计量单位	工程量	计算式

2.2 工程量清单编制实务

A 土石方工程

1.单选题(选择最符合题意的答案)

(1)某土方工程,基底宽6 m,基底长15 m,则该工程应按( )项目编码列项。

A.挖一般土方 B.挖沟槽土方 C.挖基坑土方 D.挖管沟土方

(2)某土方工程,基底宽4 m,基底长20 m, 则该工程应按( )项目编码列项。

A.挖一般土方 B.挖沟槽土方 C.挖基坑土方 D.挖管沟土方

(3)某土方工程,基底宽9 m,基底长25 m, 则该工程应按( )项目编码列项。

A.挖一般土方 B.挖沟槽土方 C.挖基坑土方 D.挖管沟土方

(4)下列描述错误的是( )。

A.平整场地是指建筑物场地厚度≤200 mm的挖、填、运、找平

B.挖土方中的弃土是指挖土的堆放弃土,应结合施工方案及工程现场情况确定

C.挖沟槽、基坑、一般土方计量工程量是否考虑工作面和放坡,由各省、自治区、直辖市或行业建设主管部门确定

D.弃、取土运距可以不描述,但应注明由投标人按施工现场实际情况自行考虑,决定报价

(5)平整场地的工程量计算规则是( )。

A.按设计图示尺寸以建筑面积计算

B.按设计图示尺寸以建筑物首层建筑面积计算

C.按设计图示尺寸以首层面积计算

D.按设计图示尺寸以建筑物首层面积计算

(6)某工程天然密实度体积为 26 m^3,按照 GB 50854—2013 中的土方体积折算系数表,则虚方体积是(　　)。

A. 33.8　　B. 28.08　　C. 39　　D. 31.2

(7)根据 GB 50854—2013 中的放坡系数表,黏土的放坡起点是(　　)m。

A. 1.20　　B. 1.50　　C. 2.00　　D. 3.00

(8)根据 GB 50854—2013 中的放坡系数表,坚硬红黏土采取机械在坑内作业,则放坡系数是(　　)。

A. 1∶0.25　　B. 1∶0.33　　C. 1∶0.10　　D. 1∶0.50

(9)某 PVC 管道工程,管座的尺寸是 800 mm×800 mm,管道直径是 600 mm,若考虑工作面,则按照 GB 50854—2013 的相关规定,管沟施工每侧所需工作面宽度是(　　)mm。

A. 300　　B. 400　　C. 500　　D. 600

2. 多选题(多选、错选不得分)

(1)下列属于一、二类土的是(　　)。

A. 粉土　　B. 砂土　　C. 黏土　　D. 素填土

(2)下列描述正确的有(　　)。

A. 挖土平均厚度应按自然地面测量标高至设计地坪标高间的平均厚度确定

B. 基础土方开挖深度应按垫层顶标高至交付施工标高确定,无交付施工标高时,应按自然地面标高确定

C. 桩间挖土要扣除桩的体积

D. 土方体积应按挖掘前的天然密实体积计算

(3)GB 50854—2013 的放坡系数与(　　)有关系。

A. 土类别　　B. 土方施工方式　　C. 施工工期　　D. 挖土深度

(4)下列描述正确的是(　　)。

A. 厚度≥±300 mm 的竖向布置挖石或山坡凿石应按照一般石方项目编码列项

B. 石方体积应按挖掘前的天然密实体积计算

C. 未风化的花岗岩,属于坚硬岩,要采取爆破法开挖

D. 天然石方 32 m^3,按照 GB 50854—2013 中的石方体积折算系数表,则松填体积为49.28 m^3

(5)关于特征描述,下列说法正确的是(　　)。

A. 特征描述必须按照 GB 50854—2013 提示的各项内容予以描述,不得增减

B. 土壤类别不能准确划分时,招标人可以注明综合,投标人根据地质勘察报告决定报价

C. 填方密度要求,在无特殊要求情况下,项目特征可描述设计和规范的要求

D. 填方粒径要求,在无特殊要求情况下,项目特征可以不描述

3. 判断题(正确的打"√",错误的打"×")

(1)土方体积应按挖掘前的天然密实体积计算,非天然密实土方应按照 GB 50854—2013 附录中的土方体积折算系数计算。(　　)

(2)虚方是指未经碾压、堆积时间≤6 个月的土壤。(　　)

(3)沟槽、基坑中土类别不同时,按照最松软的土类别考虑放坡点和放坡系数。(　　)

(4)工程量计算若考虑放坡,则计算放坡时,在交接处的重复工程量不予扣除。(　　)

(5)原槽、坑作基础垫层时,放坡自垫层上表面开始计算。 ( )

(6)混凝土基础垫层支模板,若考虑工作面,则垫层两边共增加 300 mm 工作面宽度。 ( )

(7)本地区计价定额中的平整场地与国家计量规范中的计算规则是一致的。 ( )

(8)本地区计价定额中的工作面增加规定与国家计量规范中的规定是一致的。 ( )

(9)本地区关于挖土方的清单工程量计算明确要考虑工作面或放坡。 ( )

4.思考题

(1)本地区的土壤主要是哪些种类?

(2)本地区的岩石主要是哪些种类?

(3)本地区工程造价主管部门关于土方工程的工程量计算都有哪些具体规定?

(4)关于运距,如何描述更有利于造价控制?

(5)土方工程量与施工方案之间有什么关系?编制清单时如何考虑施工方案?

5.操作题

【练习 1】

1)设计说明

(1)某工程基础平面图、剖面图如图 2.1 所示,室内外高差为 450 mm。

(2) -0.060 处设置防水砂浆(一层做法,20 mm 厚)防潮层。

(3) -0.300(H_1)处设置地圈梁,混凝土强度等级为 C20。

(4)混凝土垫层强度等级为 C10。

(5)240 mm×240 mm 构造柱的混凝土强度等级为 C20,从地圈梁升起。

(6) ±0.000 以下采取 M5 水泥砂浆砌筑 MU15 普通页岩标准砖,±0.000 以上采取 M5 混合砂浆砌筑 MU15 普通页岩标准砖。

(7)垫层底标高为 -2.000 m,2B=1 200 mm。

2)施工方案

(1)本工程建设方已完成三通一平。

(2)本工程基础土方为人工开挖,非桩基工程,不考虑开挖时排地表水及基底钎探。

(3)基础垫层为非原槽浇注,垫层支模,工作面为 300 mm。

(4)土壤类别为黏土,均属于天然密实土,本工程要放坡,放坡系数为 1:0.33。

(5)开挖基础土方,其中一部分土壤考虑按挖方量的 60% 进行现场运输、堆放,采用人力车运输,距离为 100 m,另一部分土壤在基槽或基坑边 5 m 内堆放。挖土直接用于回填,若挖土不能用于回填,则回填土的假设:____。

(6)工程结束后,余土外运,自卸汽车运输,运距 2.3 km。

(7)混凝土及砂浆材料为:中砂、砾石、细砂,均为现场搅拌。或其他假设:__________。

(8)地面做法:素土夯实,100 mm 厚 C10 混凝土垫层,20 mm 厚 1:2水泥砂浆结合层,15 mm厚彩釉砖地面。

3)计算说明

根据 GB 50854—2013,并结合本地区的相关规定,编制工程量清单时,工作面和放坡增加的工程量,________土方工程量中。

条形基础参数表

2B	$n\times a$	$m\times b$	c	$n\times h+m\times h_1$
500			130	
600			180	
700	1×65		165	1×120
800	1×65		215	1×120
900	1×65	1×60	140	1×120+1×120
1 000	2×65	1×60	190	2×120+1×60
1 100	2×65	1×60	240	2×120+1×60
1 200	3×65	2×60	165	3×120+2×60
1 300	3×65	2×60	215	3×120+2×60
1 400	4×65	3×60	140	4×120+3×60
1 500	4×65	3×60	190	4×120+3×60
1 600	4×65	3×60	240	4×120+3×60
1 700	5×65	4×60	165	5×120+4×60
1 800	5×65	4×60	215	5×120+4×60

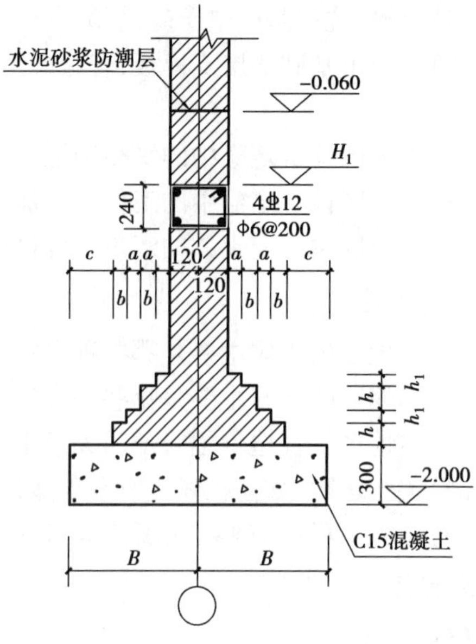

TJ-A

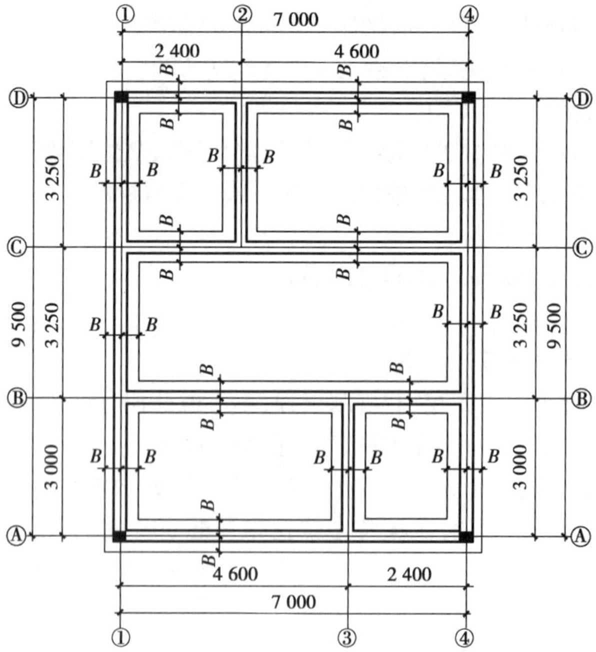

基础平面布置图

图 2.1　基础平面布置图及剖面图

4)要求

(1)根据上述资料,依据 GB 50500—2013 和 GB 50854—2013,编制该工程土方工程部分的工程量清单,填入表 2.3 中,并写出工程量计算式。

(2)建议根据项目特征描述分析计价项目,根据本地区计价定额,在计算式中注明计价项目并计算计价工程量。

表 2.3　分部分项工程量清单

工程名称:　　　　　　　　　　　　　　　　　　　　　　　　　　　　第　页共　页

序号	项目编码	项目名称	项目特征描述	计量单位	工程数量	计算式

【练习2】 某工程为筏板基础,土壤为软塑红黏土、充填土,采取机械大开挖,坑内施工,筏板外边线拓宽1.80 m,挖土深度4.5 m,具体如图2.2所示,要求计算该工程挖土方的清单工程量和计价工程量。

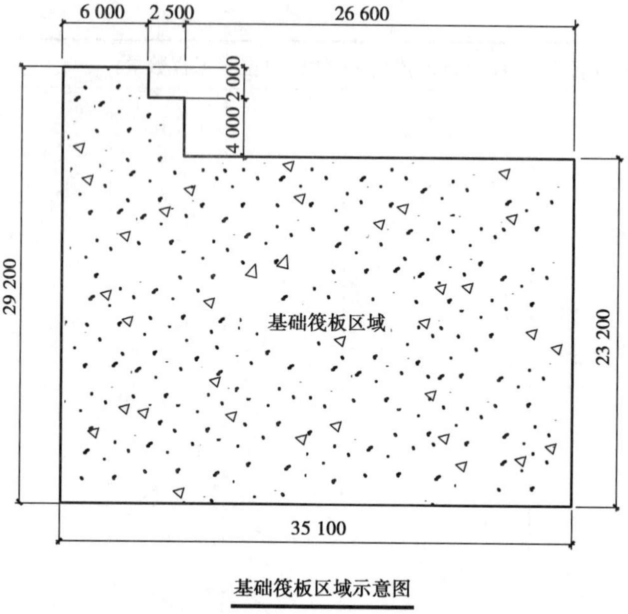

图2.2 基础筏板区域示意图

【练习3】 厂房场地平整,部分方格网如图2.3所示,方格边长为20 m×20 m,试计算挖填总土方工程量。

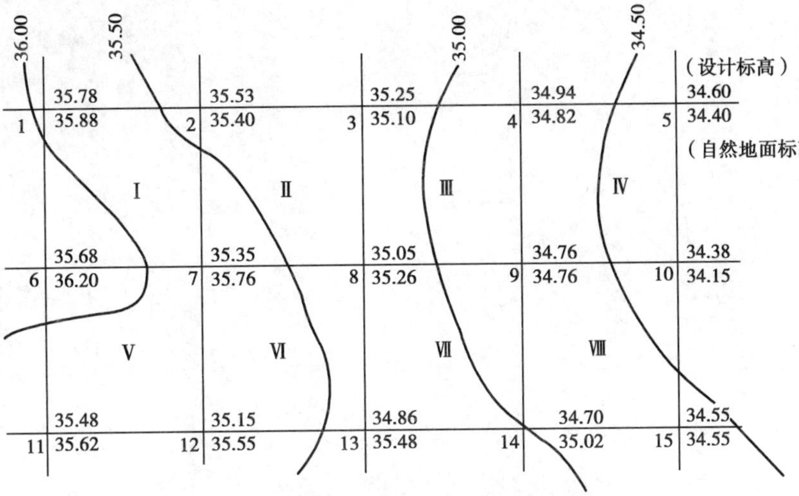

(a)方格角点标高、方格编号、角点编号图

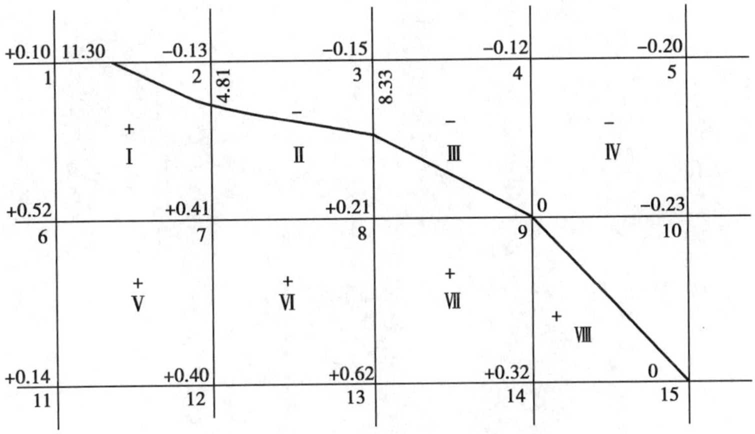

(b)零线，角点挖、填高度图

图2.3 场地方格网布置图

(图中Ⅰ、Ⅱ、Ⅲ等为方格编号;1、2、3等为角点号)

【练习4】 某建筑场地方格网如图2.4所示,方格边长为20 m×20 m,试用公式法计算挖方和填方的土方总量。

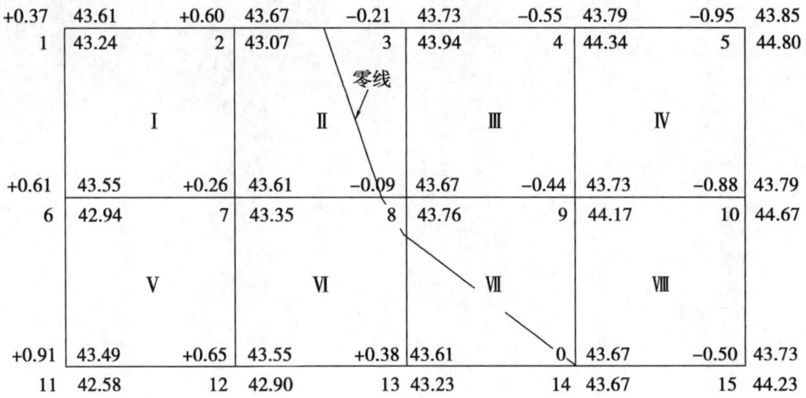

图2.4 场地方格网布置图

标注图例:

施工高度	设计高度
角点编号	自然高度

【练习5】

(1)根据________________工程施工图(可在提供的图纸中自行选择),利用现行的表格,编制该工程土方工程的招标工程量清单。

(2)利用本地区常用的工程量计算表格形式,计算清单工程量,并根据项目特征描述分析计价项目;根据本地区计价定额,计算计价工程量。

B　地基处理与边坡支护工程

1. 单选题(选择最符合题意的答案)

(1)计算如图 2.5 所示"预压地基"的工程量,正确的是(　　)。

A. 20 个　　B. $5AB$　　C. $4AB$　　D. $20AB$

(2)计算如图 2.6 所示"强夯地基"的工程量,正确的是(　　)。

A. 14 个　　B. AB　　C. $20AB$　　D. $14AB$

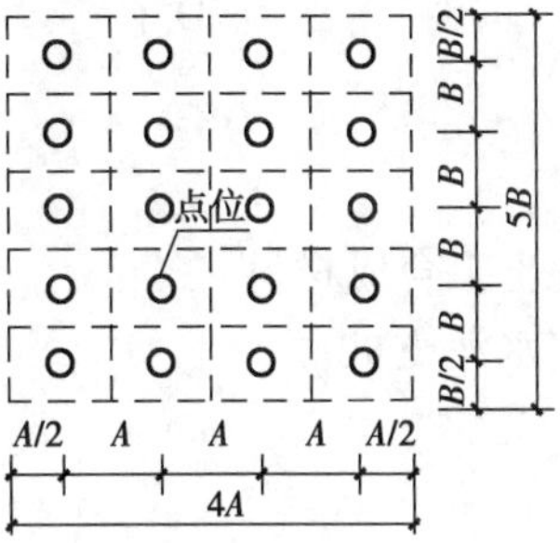

图 2.5　预压地基

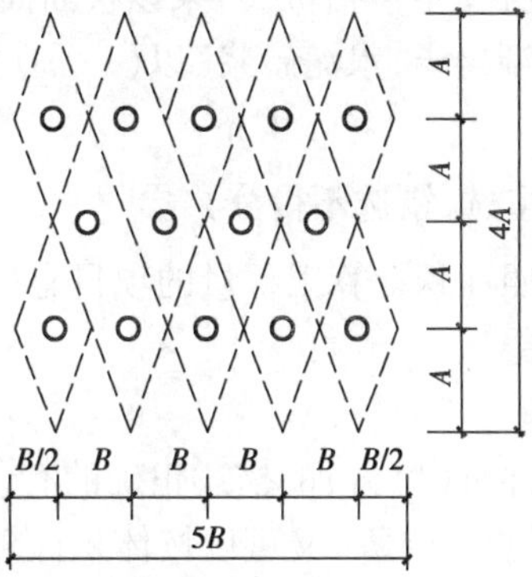

图 2.6　强夯地基

(3)地下连续墙(　　)。

A. 按设计图示墙外线长度乘厚度乘槽深以体积计算

B. 按设计图示墙中心线长度乘厚度乘槽深以体积计算

C. 按设计图示墙中心线以长度计算

D. 按设计图示墙中心线长度乘槽深以面积计算

(4)换填垫层按设计图示尺寸以(　　)计算。

A. m　　B. m^2　　C. m^3　　D. t

(5)空桩长度等于(　　)。

A. 桩长　　B. 孔深

C. 孔深减去桩长　　D. 自然地坪至设计桩底

(6)孔深等于(　　)。

A. 桩长　　B. 桩长加桩尖长度

C. 孔深减去桩长　　D. 自然地坪至设计桩底的深度

(7)粉喷桩以(　　)为计量单位。

A. m　　B. m^2　　C. m^3　　D. t

(8)高压喷射注浆桩的工程量计算规则是(　　)。

A. 按桩的根数计算　　B. 按设计图示尺寸以桩长计算

C. 按设计桩长乘以桩断面积计算　　D. 按桩质量 t 计算

(9)铺设土工合成材料按(　　)计算工程量。

A. m　　B. m^2　　C. m^3　　D. t

(10)结合本地区计价定额,土钉应选择(　　)为计算单位。

A. m　　B. m^2　　C. m^3　　D. t

(11)钢支撑按(　　)计算工程量。

A. m　　B. m^2　　C. m^3　　D. t

(12)预制钢筋混凝土板桩按(　　)计算工程量。

A. 按设计桩长(不包括桩尖)

B. 按设计桩长(包括桩尖)

C. 按设计桩长(包括桩尖)乘以桩断面积

D. 按设计桩长(不包括桩尖)乘以桩断面积

(13)"喷射混凝土、水泥砂浆"以(　　)为计量单位。

A. m　　B. m^2　　C. m^3　　D. t

2. 多选题(多选、错选不得分)

(1)下面按照面积计算工程量的项目有(　　)。

A. 换填垫层　　B. 铺设土工合成材料

C. 强夯地基　　D. 夯实水泥土桩

(2)下面振冲桩(填料)的描述正确的有(　　)。

A. 既可以按桩长计算,又可以按体积计算,由招标人决定

B. 桩长不包括桩尖

C. 空桩长度 = 孔深 - 桩长

D. 孔深是自然地面至设计桩底的深度

(3)下面关于高压喷射注浆桩的描述正确的是(　　)。

A. 桩截面可以不描述

B. 注浆类型包括旋喷、摆喷、定喷

C. 注浆方法包括单管法、双重管法、三重管法

D. 水泥强度等级必须描述

(4)下面关于灰土挤密桩的描述正确的是(　　)。

A. 桩径可以不描述

B. 成孔方法必须描述

C. 若采用泥浆护壁成孔,工作内容包括土方、废泥浆外运

D. 若采用沉管灌注成孔,工作内容包括桩尖制作、安装

(5)下面描述正确的是(　　)。

A. 砂石桩若以 m^3 计量,按设计桩截面乘以桩长(不包括桩尖)以体积计算

B. 粉喷桩按设计图示尺寸以桩长计算

C. 注浆地基若以 m 计量,按设计图示尺寸以钻孔深度计算

D. 褥垫层若以 m^2 计量,按设计图示尺寸以铺设面积计算

(6)下面描述正确的是(　　)。

A. 地下连续墙按设计图示墙中心线长度乘以厚度乘以槽深以体积计算

B. 预制钢筋混凝土板桩若以 m 计量,则按设计图示尺寸以桩长(不包括桩长)计算

C. 型钢桩若以 t 计量,按设计图示尺寸以质量计算

D. 土钉若以 m 计量,按设计图示尺寸以桩孔深度计算

(7)下面描述正确的是(　　)。
A. 锚杆既要按 m 计量,同时还要按根计量
B. 钢支撑按照设计图示尺寸以质量计量,不扣除孔眼质量,焊条、铆钉、螺栓等不另增加质量
C. 地下连续墙的钢筋网制作、安装,按混凝土及钢筋混凝土工程中的有关项目列项
D. 工程中若采取砖、石挡土墙,护坡,应自行补充项目
(8)注浆地基可按(　　)计算工程量。
A. m　　B. m^2　　C. m^3　　D. t
(9)高压喷射注浆类型包括(　　)。
A. 旋喷　　B. 撒喷　　C. 摆喷　　D. 定喷
(10)下列说法正确的是(　　)。
A. 土钉按根数或钻孔深度计算工程量
B. 锚杆按质量 t 计算工程量
C. 钢板桩可按设计图示墙中心线长度乘以桩长以面积计算工程量
D. 圆木桩按桩长(包括桩长)或根数计算工程量
(11)高压喷射注浆方法有(　　)。
A. 单管法　　B. 双重管法　　C. 三重管法　　D. 四重管法
(12)振冲密实(不填料)工作内容包括(　　)。
A. 强夯　　B. 振冲加密　　C. 成孔　　D . 泥浆运输
(13)土钉置入的方法包括(　　)。
A. 钻孔置入　　B. 打入　　C. 射入　　D. 流入
(14)咬合灌注桩可按(　　)计算工程量。
A. m　　B. t　　C. m^3　　D. 根
(15)砂石桩可按(　　)计算工程量。
A. m　　B. m^2　　C. m^3　　D. t

3. 判断题(正确的打"√",错误的打"×")

(1)灰土挤密桩按设计图示尺寸以桩长(不包括桩尖)计算。(　　)
(2)锚杆可按其质量计算工程量。(　　)
(3)褥垫层可按设计图示尺寸以体积计算工程量。(　　)
(4)柱锤冲扩桩项目的工作内容包括安、拔套管。(　　)
(5)石灰桩项目工作内容不包括成孔。(　　)
(6)高压喷射注浆桩项目的工作内容包括成孔。(　　)
(7)强夯地基按设计图示尺寸以体积计算工程量。(　　)
(8)砂石桩按设计图示桩长和体积计算工程量。(　　)

4. 思考题

(1)地基处理的主要方法有哪些?本地区地基处理的常见方式是哪些?
(2)基坑与边坡支护的主要方法有哪些?本地区基坑与边坡支护的常见方式是哪些?
(3)地基处理与边坡支护工程是怎样划分项目的?
(4)如何确定地基、基坑与边坡支护的处理方式?

5. **操作题**

【练习1】 某工程地基强夯如图2.7所示,设计要求间隔夯击,先击奇数点,再夯偶数点,间隔夯击点不大于8 m。设计击数为10击,分两遍夯击,第一遍5击,第二遍5击,第二遍要求低锤满拍。设计夯击能量为400 t·m,设计地耐力要求大于100 kN/m^2。请计算地基强夯工程的清单工程量。

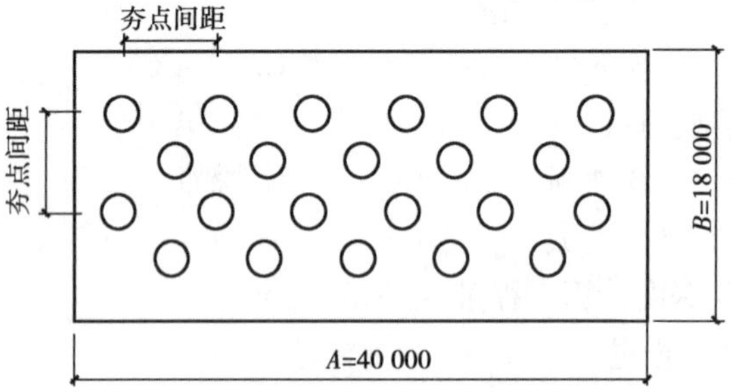

图2.7 强夯地基示意图

【练习2】

1)设计说明

某建筑工程基底为可塑黏土,不能满足设计承载力要求,采用振冲法进行基础处理,布桩形式如图2.8所示,按正方形进行布置,桩径为900 mm,桩距为1 200 mm,本工程桩长需要达到稳定的卵石层,要求桩身长度不小于4.0 m。

2)要求

(1)根据上述资料,依据GB 50500—2013和GB 50854—2013,编制该地基处理工程的的工程量清单,填入表2.4中,并写出工程量计算式。

(2)建议根据项目特征描述分析计价项目,根据本地区计价定额,在计算式中注明计价项目并计算计价工程量。

表2.4 分部分项工程量清单

工程名称　　　　　　　　　　　　　　　　　　　　　　　第　页共　页

序号	项目编码	项目名称	项目特征描述	计量单位	工程数量	计算式

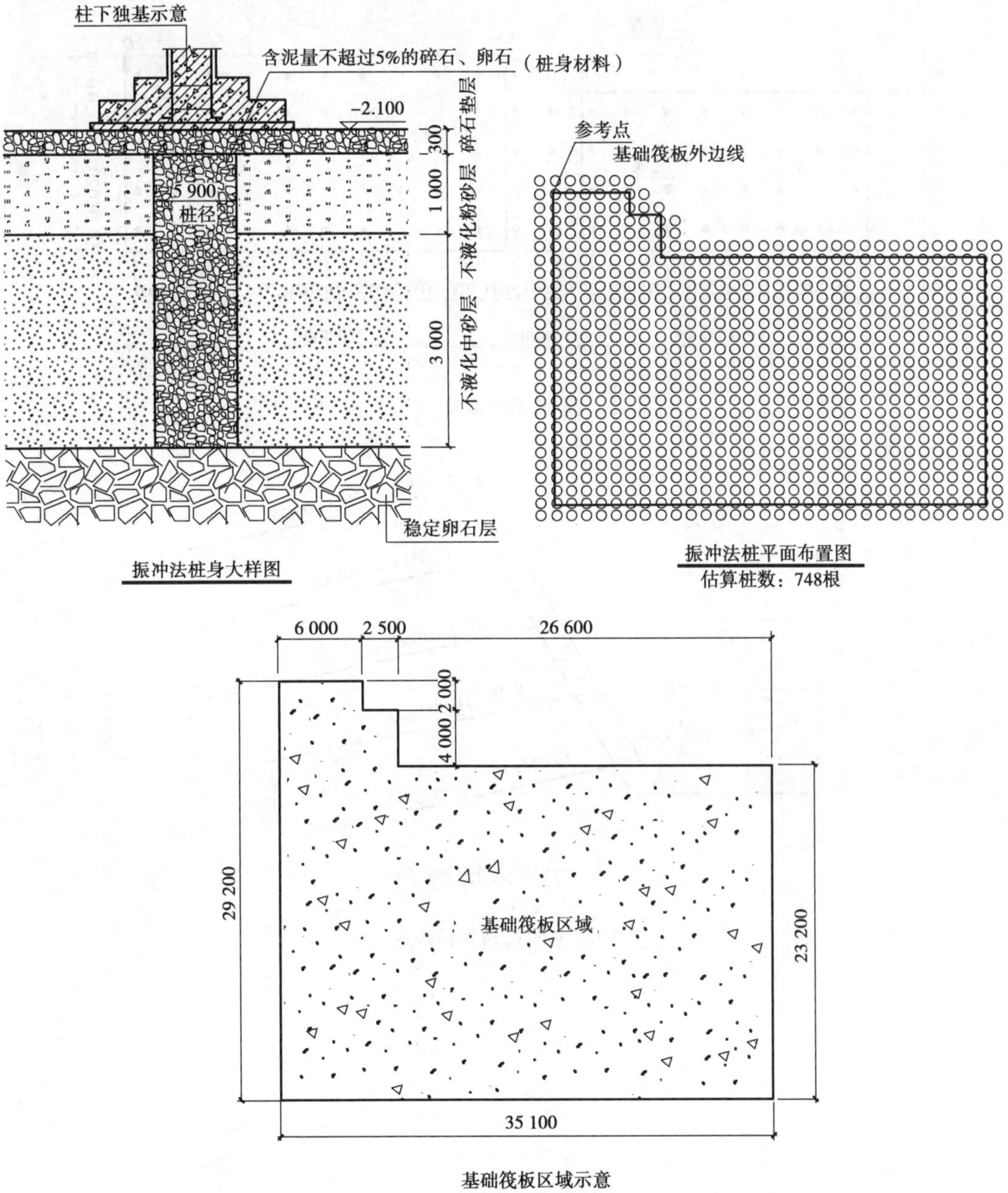

振冲法桩身大样图

振冲法桩平面布置图

估算桩数：748根

基础筏板区域示意

说明：机械大开挖，坑底沿筏板边外延 1.8 m，坑底满铺碎石褥垫层 300 mm 厚。

图 2.8　振冲法布桩示意

【练习 3】 某工程边坡支护如图 2.9 所示，采用土钉支护，地层为带块石的碎石土，土钉成孔直径为 90 mm，采用 1 根 HRB335、直径为 25 的钢筋作为杆体，成孔深度均为 10 m，土钉入射倾角为 15°，钢筋送入钻孔后，灌注 M30 水泥砂浆。混凝土面板 C25 喷混凝土，厚度100 mm。确定土钉、喷射混凝土项目编码并计算其工程量。

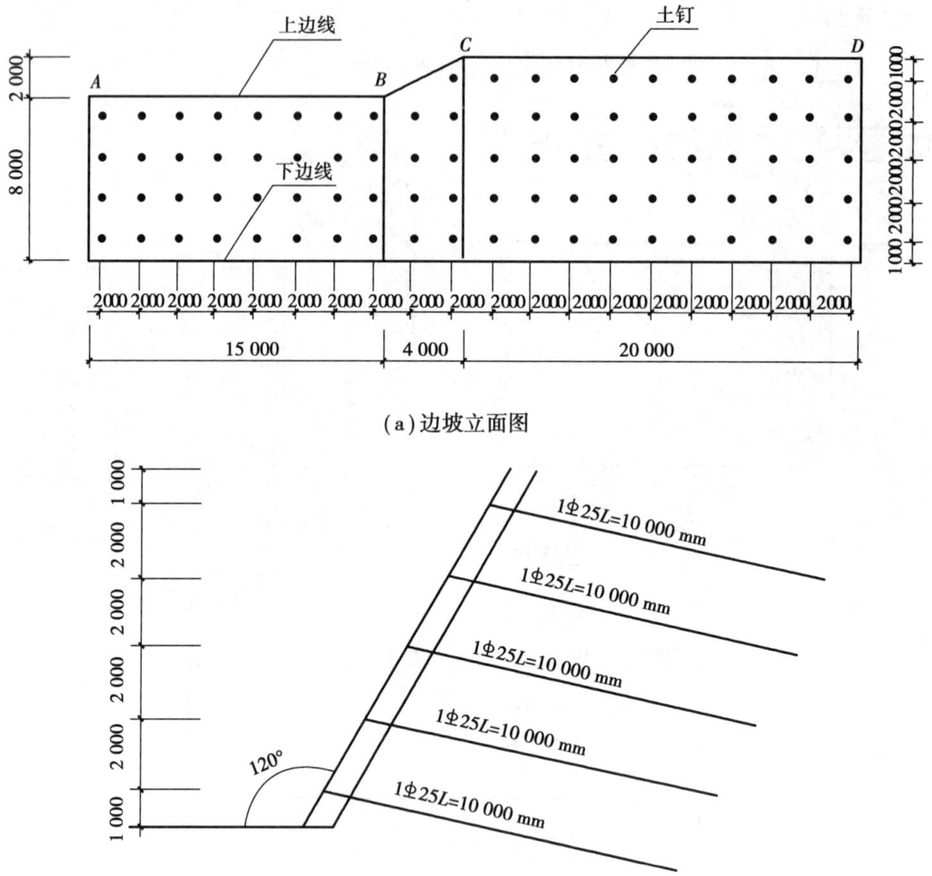

(a)边坡立面图

(b)边坡剖面图

图 2.9　土钉边坡支护示意图

【练习4】 某工程土壤类别为三类土,地基施工组织设计中采用土钉支护,如图2.10所示。土钉深度为2 m,平均每平方米设一个,土钉材料选用48精密无缝钢管,壁厚3 mm(3.107 kg/m),采取射入方式按照15°射入坑壁。管身按梅花形布设浆孔,孔径6 mm,孔距300 mm,管内M30水泥砂浆注浆,注浆压力宜为0.1~0.4 MPa,C20混凝土喷射厚度为60 mm(斜坡及坑边顶500 mm),钢筋网(水平方向、纵向方向钢筋网)φ6.5@250。计算土钉、喷射混凝土边坡清单工程量,并根据当地计价定额,分析计价项目并计算计价工程量。

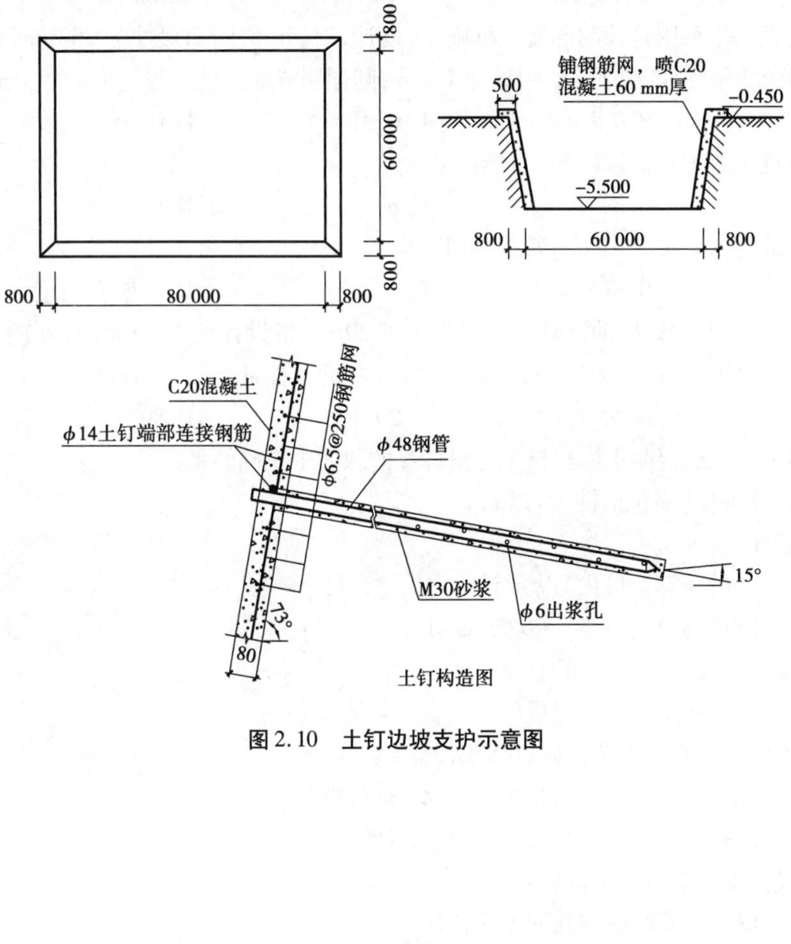

图2.10 土钉边坡支护示意图

C　桩基工程

1. 不定项选择题(选择符合题意的答案)

(1)某工程基础需混凝土灌注桩 40 根,设计桩长为 10 m(含桩尖长 0.8 m),桩断面直径为 0.4 m,则该混凝土灌注桩的工程量为(　　)。

A. 368 m　　B. 400 m　　C. 368 m^3　　D. 400 m^3

(2)某工程基础采用打预制混凝土桩施工,设计桩长 6 m,断面尺寸为 300 mm×450 mm,施工完毕后要求桩顶面到自然地坪的距离为 1.2 m,则预制混凝土桩工程量为(　　)m^3。

A. 0.16　　B. 0.23　　C. 0.81　　D. 0.36

(3)挖孔桩土方工程量按(　　)计算。

A. m　　B. m^2　　C. m^3　　D. t

(4)灌注桩后压浆按(　　)计算工程量。

A. m　　B. m^2　　C. m^3　　D. 压浆孔数量

(5)某打桩工程,设计振动沉管灌注混凝土桩 20 根,桩设计长度 20 m(管外径 426 mm),每根混凝土桩打桩混凝土记录为 3.5 m^3,混凝土灌注桩的工程量为(　　)m^3。

A. 54　　B. 70　　C. 20　　D. 80

(6)下列关于钢筋混凝土灌注桩工程量计算的叙述中正确的是(　　)。

A. 可按设计桩长(不包括桩尖)以 m 计

B. 可按根计

C. 可按设计桩长(算至桩尖)以 m 计

D. 可按设计桩长(算至桩尖) +0.25 m 计

E. 可按设计桩长×断面以 m^3 计

(7)护壁混凝土灌注桩的工程量(　　)。

A. 可按不同截面在桩上范围内以体积计算

B. 可按设计图示桩长(不包括桩尖)尺寸以 m 计算

C. 可按设计图示桩长(包括桩尖)尺寸以 m 计算

D. 可按设计图示数量以根计算

(8)泥浆护壁成孔灌注桩成孔的方法包括(　　)。

A. 冲击钻成孔　　B. 冲抓锥成孔　　C. 回旋钻成孔　　D. 潜水钻成孔

E. 沉管成孔

(9)干作业成孔灌注桩成孔的方法包括(　　)。

A. 螺旋钻成孔　　B. 冲抓锥成孔　　C. 螺旋钻成孔扩底　　D. 干作业的旋挖成孔

2. 判断题(正确的打"√",错误的打"×")

(1)混凝土灌注桩的钢筋笼制作安装要单独列项计算。　　(　　)

(2)人工挖孔灌注桩项目包括护壁制作。　　(　　)

(3)干作业成孔灌注桩按设计图示尺寸以桩长(不包括桩尖)计算工程量。　　(　　)

(4)截桩头项目可按截桩根数计算工程量。　　(　　)

(5)钢管桩按设计图示尺寸以桩长(包括桩尖)计算工程量。　　(　　)

(6)钢管桩项目包括接桩、送桩内容。 ( )

(7)预制混凝土方桩可按设计根数计算工程量。 ( )

(8)钢管桩可按设计图示尺寸以质量计算工程量。 ( )

(9)项目特征中描述的桩长不包括桩尖长度。 ( )

(10)钻孔压浆桩按设计图示尺寸以体积计算工程量。 ( )

3. 思考题

(1)实际工程中包括哪些桩?

(2)灌注桩包括哪些?列项、算量要注意什么?

4. 操作题

【练习1】 某工程为人工挖孔灌注混凝土桩,如2.11所示。二类土,已知桩身直径2 m,深度9.9 m,护壁 $b=100$ mm厚,C25混凝土,桩芯C20混凝土,共20根桩。最下面截椎体 $d=2.2$ m,$D=2.5$ m,$h_2=1.3$ m,上面截椎体 $d=2.2$ m,$D=2.4$ m,$h_2=1.0$ m。底端圆柱 $h_3=0.4$ m,球缺 $h_4=0.2$ m。土方采取人力车运至现场80 m处堆放。确定挖孔桩土方、人工挖孔桩项目编码并计算清单工程量,根据当地定额分析计价项目并计算计价工程量。

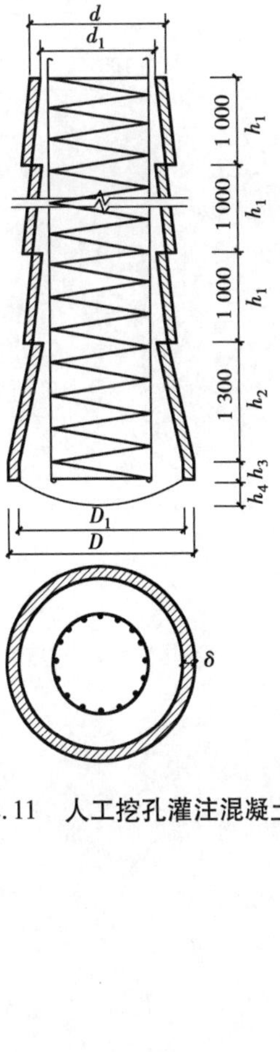

图2.11 人工挖孔灌注混凝土桩

【练习2】 某工程地基处理采用C25预制钢筋混凝土方桩与承台，如图2.12所示，共30个，柴油打桩机打桩，二级土，室外地坪－0.45 m，桩截面尺寸300 mm×300 mm，每根桩长6 m，每个桩位打3根桩，桩顶设计标高－1.300 m。电焊接桩，包钢板。C15现浇混凝土垫层及C30现浇钢筋混凝土承台，混凝土均采用普通商品混凝土。请确定打预制钢筋混凝土方桩、截桩头、混凝土垫层、桩承台基础的编码及清单工程量，并根据当地计价定额确定计价项目并计算计价工程量。

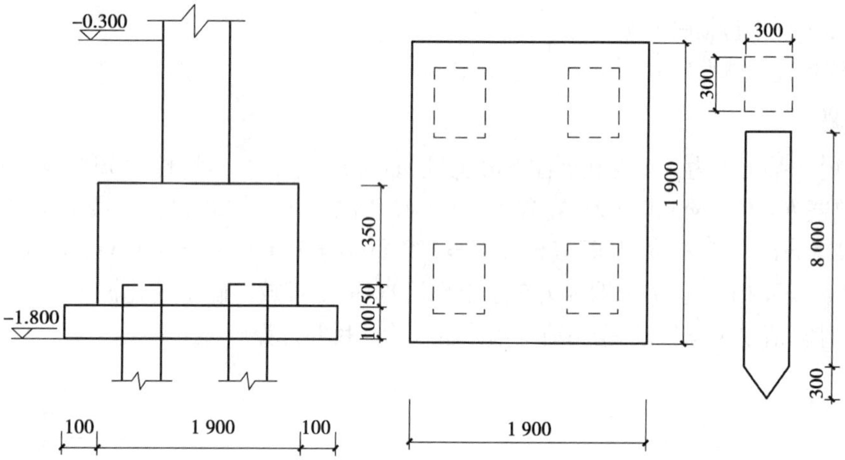

图2.12 预制混凝土方桩图

【练习3】 某工程采取夯扩成孔灌注混凝土桩,如图2.13所示。已知有32根桩,设计桩长为9 m,直径为500 mm,底部扩大球体直径为1 000 mm,混凝土强度等级为C20,一级土,考虑截桩头,浇筑时加0.3 m,球缺部分(扩大头与桩身重合部分)的高度为70 mm,要求选择"m^3"为计量单位,请确定该夯扩成孔灌注混凝土桩的清单项目编码并计算清单工程量。

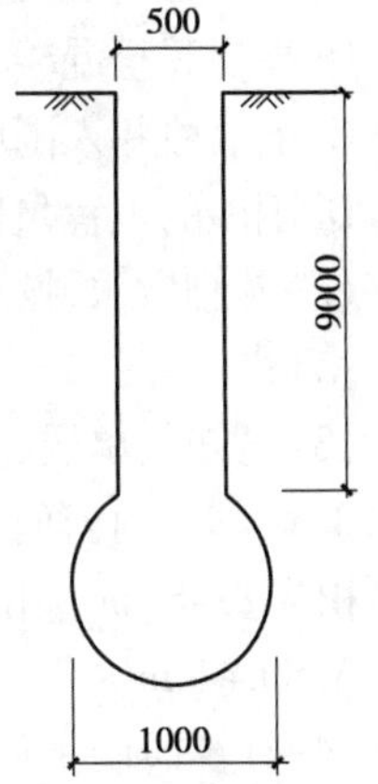

图2.13 夯扩成孔灌注混凝土桩示意图

D 砌筑工程

1. 单选题(选择最符合题意的答案)

(1)在计算砌块围墙的工程量时,下列叙述错误的是( )。

A. 高度算至混凝土压顶的上表面

B. 高度算至混凝土压顶的下表面

C. 围墙柱并入围墙体积内

D. 围墙的工程量按设计图示尺寸以体积计算

(2)砖砌散水,按图示尺寸以( )为计量单位计算。

A. m^3　　B. m^2　　C. m　　D. 块

(3)已知某单层建筑物其外墙中心线长度为50.9 m,内墙净长度为96.7 m,墙厚240 mm,墙高3.3 m,其中门窗面积为90.4 m^2,400 mm×600 mm孔洞有8个,构造柱的体积为13.62 m^3,圈梁体积为8.48 m^3,则该墙的工程量为( )。

A. 80.41 m^3　　B. 73.10 m^3　　C. 72.64 m^3　　D. 95.20 m^3

(4)计算砖墙工程量时,( )的体积应并入墙体体积计算。

A. 窗台虎头砖　　B. 门窗套　　C. 腰线、挑檐　　D. 凸出墙面的墙垛

(5)砖砌明沟工程量的计量单位是( )。

A. m　　B. m^2　　C. m^3　　D. 个

(6)基础与墙使用同种材料施工时,( )是基础与墙身的分界线。

A. 室外地坪　　B. 室内地坪　　C. 散水　　D. 防潮层

(7)钢筋混凝土楼板作隔层时,外墙墙高算至( )。

A. 混凝土板底　　B. 混凝土板顶　　C. 混凝土梁底　　D. 混凝土板中

(8)女儿墙的墙高是( )。

A. 混凝土板底到女儿墙混凝土压顶底部

B. 混凝土板底到女儿墙混凝土压顶顶部

C. 混凝土板顶到女儿墙混凝土压顶顶部

D. 混凝土板顶到女儿墙混凝土压顶底部

(9)砖围墙与基础的分界是( )。

A. 室外地坪　　B. 室内地坪　　C. 散水　　D. 防潮层

(10)砖墙工程量计算中,不扣除的是( )所占体积。

A. 单个面积0.3 m^2 以上的孔洞　　B. 单个面积0.3 m^2 以下的孔洞

C. 构造柱　　D. 过梁

(11)砖砌挖孔桩护壁按( )计算工程量。

A. 设计图示尺寸以 m　　B. 设计图示尺寸以 m^2

C. 设计图示尺寸以 m^3　　D. 设计图示尺挖孔桩根数

(12)内外山墙的高度按( )计算。

A. 最高高度　　B. 最低高度　　C. 平均高度　　D. 最低高度加200 mm

(13)坡屋面外墙有屋架且室内外有天棚者算至屋架下弦底加( )。

A. 100 mm　　B. 150 mm　　C. 200 mm　　D. 300 mm

(14)坡屋面外墙有屋架且室内外无天棚者算至屋架下弦底加(　　)。

A. 100 mm　　B. 150 mm　　C. 200 mm　　D. 300 mm

(15)砖砌检查井按(　　)计算工程量。

A. m　　B. m^2　　C. m^3　　D. 座

(16)砌块柱工程量按(　　)计算。

A. m　　B. m^2　　C. m^3　　D. 座

(17)石砌坡道的工程量计量单位是(　　)。

A. m　　B. m^2　　C. m^3　　D. 座

(18)石砌栏杆的工程量计量单位是(　　)。

A. m　　B. m^2　　C. m^3　　D. 座

(19)石护坡的工程量计量单位是(　　)。

A. m　　B. m^2　　C. m^3　　D. 座

(20)半砖墙的厚度是(　　)。

A. 100 mm　　B. 115 mm　　C. 120 mm　　D. 130 mm

2. **多选题(多选、错选不得分)**

(1)石砌墙工程量计算按设计图示尺寸以体积计算,应扣除(　　)。

A. 门窗洞口　　B. 门窗走头　　C. 钢管

D. 单个面积 0.3 m^2 以上的孔洞　　E. 嵌入墙内的钢筋混凝土柱

(2)砖基础砌筑工程量中不应扣除(　　)所占体积。

A. 嵌入的管道　　B. 嵌入的钢筋混凝土过梁

C. 单孔面积大于 0.3 m^2 的孔洞　　D. 基础大放脚 T 形接头的重叠部分

E. 基础防潮层

(3)砖基础工程量按图示尺寸以体积计算,应扣除(　　)。

A. 基础大放脚 T 形接头重叠部分所占体积

B. 嵌入基础中的混凝土柱的体积

C. 基础防潮层

D. 单个面积大于 0.3 m^2 的孔洞所占的体积

E. 嵌入基础的地梁体积

(4)计算砖基础工程量时,不扣除(　　)等所占的体积。

A. 圈梁　　B. 管道　　C. 嵌入基础内的钢筋、铁件

D. 基础砂浆防潮层　　E. 构造柱

(5)砖墙按设计尺寸以体积计算,计算规则不正确的是(　　)。

A. 应扣除砖平碹、砖过梁　　B. 凸出墙面的腰线要增加

C. 应扣除内墙板头　　D. 不扣除内墙板头、梁头

(6)内墙墙高计算正确的有(　　)。

A. 位于屋架下弦者,其高度算至屋架下弦底

B. 无屋架者算至天棚底另加 100 mm

C. 有钢筋混凝土楼板隔层者算至板底

D. 有框架梁时算至梁底

E. 有框架梁时算至梁顶

(7)基础与墙身使用不同材料时,计算规则正确的是(　　)。

A. 位于设计室内地坪 ±300 mm 以内时,以不同材料为界

B. 位于设计室内地坪 ±500 mm 以内时,以不同材料为界

C. 超过 ±300 mm 时,以设计室内地坪为界

D. 超过 ±300 mm 时,以自然地坪为界

E. 超过 ±300 mm 时,以设计室外地坪为界

(8)砌块砌体计算规则正确的是(　　)。

A. 计量单位为 m^3　　B. 砌块墙扣除 0.3 m^2 的孔洞体积

C. 砌块柱按设计图示尺寸以体积计算　　D. 砌块墙按设计图示尺寸以体积计算

E. 砌块墙按设计图示尺寸以面积计算

(9)建筑物墙体按长度乘以厚度再乘以高度,以 m^3 计算,应扣除(　　)等所占体积。

A. 混凝土柱、过梁、圈梁　　B. 外墙板头、梁头

C. 过人洞　　D. 面积在 0.3 m^2 内的孔洞的体积

E. 门窗洞口

(10)计算砌体工程量时,关于外墙墙高说法正确的是(　　)。

A. 外墙墙身高度,坡屋面无檐口天棚者,算至屋面板底

B. 有屋架,且室内外均有天棚者,其高度算至屋架下弦底面另加 100 mm

C. 有屋架无天棚者,其高度算至屋架下弦底面另加 200 mm

D. 外墙墙身高度,平屋顶墙高算至混凝土板底面

(11)砖砌基础的长度是(　　)。

A. 外墙外边线长　　B. 外墙中心线长　　C. 内墙净长　　D. 内墙中心线长

3. 判断题(正确的打"√",错误的打"×")

(1)防潮层是砖墙和砖基础的分界线。(　　)

(2)砖墙勾缝项目不需要单列,已包括在墙体砌筑项目中。(　　)

(3)砖砌台阶属于零星砌筑项目。(　　)

(4)砌块柱工程量计算不扣除梁垫、梁头、板头所占的体积。(　　)

(5)石砌基础的内墙长按净长计算。(　　)

(6)石砌挡土墙按石墙列项。(　　)

(7)砌筑工程的垫层项目可以包括混凝土垫层。(　　)

(8)一砖半墙的墙厚是 370 mm。(　　)

(9)石勒脚项目按设计图示尺寸以面积计算工程量。(　　)

4. 填空题

某工程基础平面图和剖面图如图 2.14 所示,完成以下问题。(±0.00 以下为 MU10 标准页岩砖 M5 水泥砂浆砌砖基础(细砂),1∶2水泥砂浆防潮层(中砂,一层做法),垫层底标高为 −1.800)

(1)砖基础项目的项目编码是(　　　　　　　　);

(2)砖基础项目的项目特征必须描述(

　　　　　　　　　　　　　　　　　　　　　　　　　　　　);

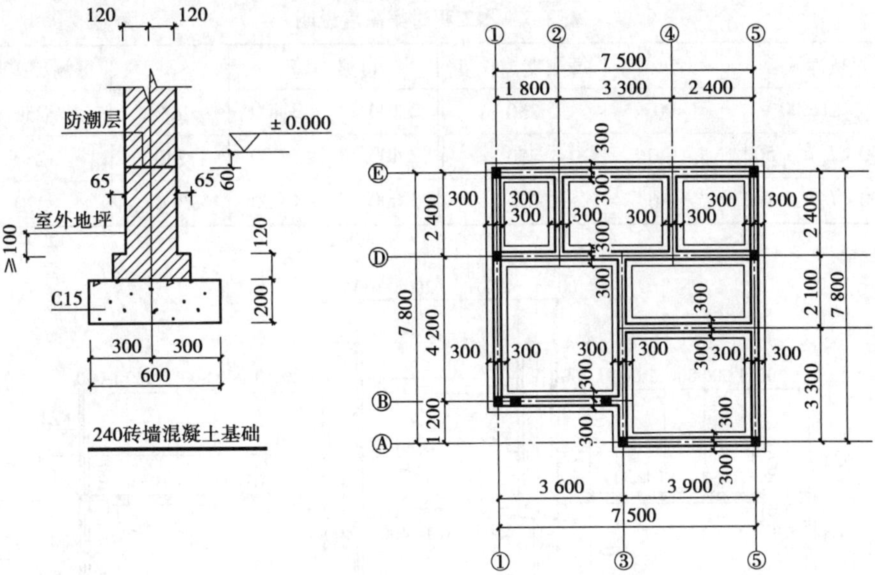

图2.14　砖基础平面图

(3)按规范计算砖基础项目的清单工程量为(　　　　　　　　　);

(4)根据当地计价定额,砖基础项目包括的计价项目有(　　);

(5)砖基础项目计价工程量为(　　　　　　　　　)、定额编码是(　　　　　　　　　);

(6)防潮层计价工程量为(　　　　　　　　　)、定额编码是(　　　　　　　　　);

(7)在不调价的基础上计算该砖基础项目的综合单价为(　　　　　　　　　)。

5. 思考题

(1)本章“垫层”项目包括哪些类型的垫层?

(2)本地区常用的砌块材料有哪些? 主要适用范围是什么?

6. 操作题

【练习1】　某建筑工程底层平面图如图2.15所示,地梁顶标高为-0.060 m,室外地坪为-0.450 m,二层框架梁顶标高为4.75m,梁高均为550mm,窗顶标高均为4.200 m,C1尺寸为1 000 mm×3 300 mm,MC1尺寸为2 400 mm×2 700 mm,门窗洞口宽度超过1.50 m,在两洞侧设置构造柱,框架间墙体采用烧结多孔砖KM1型砌筑,墙厚按照190 mm计算,过梁及构造柱与墙厚相关的尺寸也按190 mm计算,查询相关图集,过梁按照表2.5确定高度。

若洞侧有框架柱或构造柱,过梁应采取现浇,长度按净跨。请计算该层砌体工程量。

表 2.5　本工程过梁高度说明

过梁净跨	h	每侧支撑长度	过梁净跨	h	每侧支撑长度
$L_n \leqslant 1\ 000$	90	250	$2\ 100 < L_n \leqslant 2\ 400$	200	250
$1\ 000 < L_n \leqslant 1\ 500$	120	250	$2\ 400 < L_n \leqslant 3\ 000$	240	250
$1\ 500 < L_n \leqslant 2\ 100$	180	250	$3\ 000 < L_n \leqslant 4\ 000$	300	370

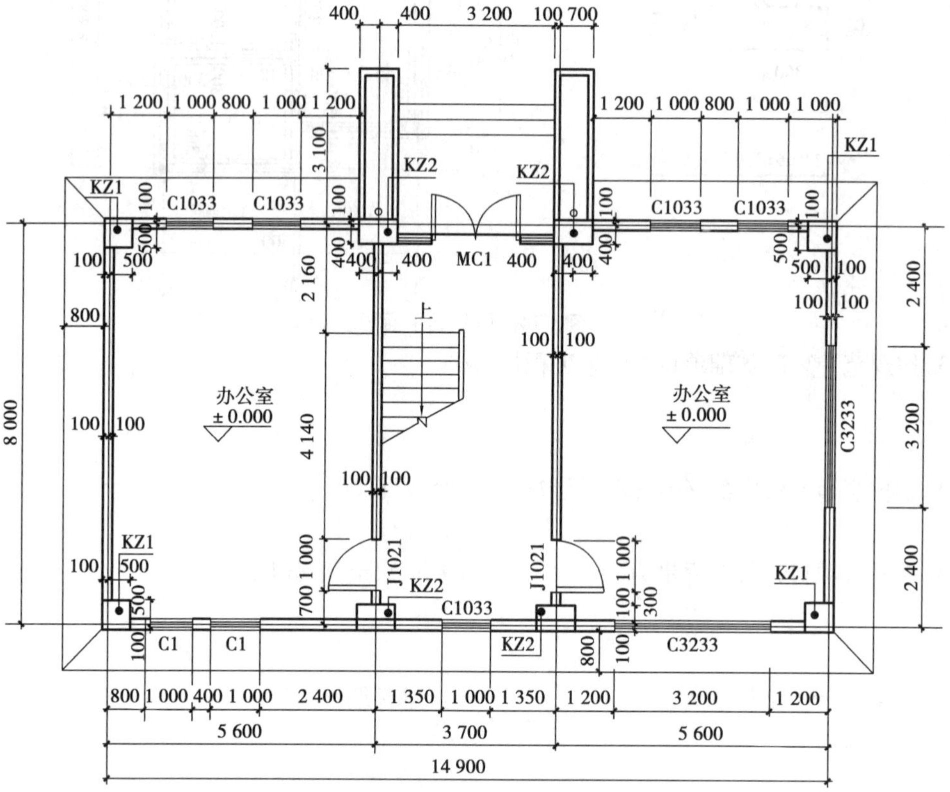

图 2.15　底层平面图

【练习2】 某单层建筑物如图 2.16 所示，墙身 M5 混合砂浆砌筑标准页岩砖，内外墙厚 240 mm，GZ 从基础圈梁到女儿墙顶，门窗洞口均采用预制混凝土过梁，两端各深入支座 250 mm，高 240 mm，层高 3.6 m，M1 尺寸为 1 000 mm×2 400 mm，M2 尺寸为 1 500 mm×2 400 mm，C1 尺寸为 1 500 mm×1 800 mm，C2 尺寸为 1 500 mm×1 500 mm。请确定该工程砖砌体的项目编码，计算其清单工程量和计价工程量。

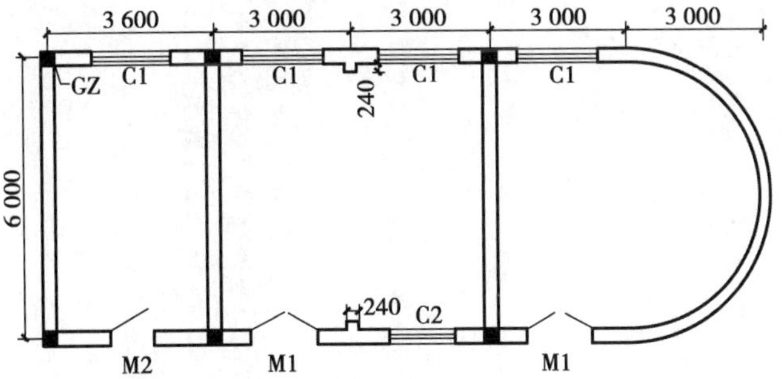

单层建筑物（一）

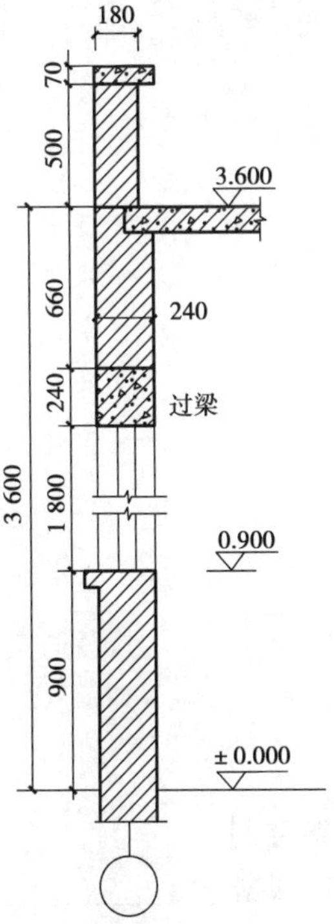

单层建筑物（二）

图 2.16 单层建筑示意图

【练习 3】

(1)根据________________工程施工图,利用现行的表格,编制该工程砌筑工程的招标工程量清单。

(2)利用本地区常用的工程量计算表格形式,计算清单工程量,并根据特征描述分析计价项目;根据本地区计价定额,计算计价工程量。

E 混凝土及钢筋混凝土工程

1. 多选题(多选、错选不得分)

(1)混凝土基础项目特征必须描述的是(　　)。

A. 基础类型　　B. 基础尺寸　　C. 混凝土种类　　D. 混凝土强度等级

(2)下列叙述正确的是(　　)。

A. 有梁板的柱高,应自柱基上表面(或楼板上表面)至上一层楼板上表面之间的高度计算

B. 无梁板的柱高,应自柱基上表面(或楼板上表面)至上一层楼板上表面之间的高度计算

C. 框架柱的柱高,应自柱基上表面至柱顶高度计算

D. 构造柱按全高计算,嵌入墙体部分(马牙槎)单独计算

(3)下列叙述正确的是(　　)。

A. 模板工程既可以含在现浇混凝土工程中,也可以作为措施项目单列,具体由招标人确定

B. 招标人在措施项目清单中未编列现浇混凝土模板项目清单,即表示现浇混凝土模板项目不单列,现浇混凝土工程项目的综合单价中应包括模板工程费用

C. 预制混凝土构件的模板工程也可以单列

D. 成品预制混凝土构件,其成品价包括模板、钢筋、混凝土等所有费用应计入综合单价

(4)下列叙述正确的是(　　)。

A. 现浇混凝土墙按设计图示尺寸以体积计算,扣除门窗洞口及单个面积 $>0.3\ m^2$ 的孔洞所占体积,墙垛及突出墙面部分并入墙体体积计算

B. 现浇混凝土板按设计图示尺寸以体积计算,不扣除面积 $\leqslant 0.3\ m^2$ 的柱、垛及孔洞所占体积

C. 现浇混凝土楼梯可以按 m^2 计算,即按设计图示尺寸以水平投影面积计算,不扣除 $\leqslant$200 mm的楼梯井,伸入墙体部分不计算

D. 现浇混凝土台阶既可以按 m^2 计算,也可以按 m^3 计算,编制人宜选用与本地区计价定额一致的单位

(5)现浇混凝土整体楼梯的水平投影面积包括(　　)。

A. 楼层平台　　B. 休息平台　　C. 平台梁　　D. 梯段

E. 斜梁与楼梯的连接梁

(6)现浇混凝土梁的工作内容包括(　　)。

A. 模板及支架制安　　B. 清理模板内杂物、刷隔离剂

C. 混凝土制作、运输、浇筑、振捣、养护　　D. 钢筋制作、运输、安装

(7)以“根”为计算单位,预制混凝土柱必须描述的项目特征是(　　)。

A. 断面积　　B. 单件体积　　C. 安装高度　　D. 混凝土强度等级

(8)预制混凝土梁的工作内容包括(　　)。

A. 模板制安　　B. 混凝土制作、运输、浇筑、振捣、养护

C. 预制混凝土梁的构件运输、安装　　D. 接头灌浆、养护

(9)下列叙述正确的是(　　)。

A. 钢筋工程必须描述的项目特征有钢筋种类、规格

B. 现浇混凝土构件中伸出构件的锚固钢筋应并入钢筋工程量内,设计或施工搭接部分也应计算工程量

C. 现浇混凝土构件固定位置的支撑钢筋在编制工程量清单时,如果设计未明确,其工程数量可为暂估量,结算时按现场签证数量计算

D. 现浇或预制混凝土构件和钢筋混凝土构件,不扣除构件内钢筋、螺栓、预埋铁件、张拉孔洞所占体积,但应扣除劲性骨架的型钢所占体积

2. 判断题(正确的打"√",错误的打"×")

(1)箱式满堂基础中柱、梁、墙、板应按规范分别编码列项,底板按满堂基础项目列项。(　　)

(2)混凝土种类是指清水混凝土、彩色混凝土等,如在同一地区既使用预拌(商品)混凝土,又允许现场搅拌混凝土,也应注明。(　　)

(3)梁与柱连接时,梁算全,柱断开。(　　)

(4)短肢剪力墙是指截面厚度不大于 300 mm,各肢截面高度与厚度之比的最大值大于 4 但不大于 8 的剪力墙。(　　)

(5)各肢截面高度与厚度之比的最大值不大于 5 的剪力墙按柱编码列项。(　　)

(6)现浇混凝土挑檐、天沟板、雨篷、阳台与板(包括屋面板、楼板)连接时,以外墙外边为分界线;与圈梁(包括其他梁)连接时,以梁外边为分界线。外边线以外为挑檐、天沟、雨篷或阳台。(　　)

(7)编制清单时,散水、坡道可以选择"m^3"作为计量单位。(　　)

3. 填空题

1)有独立基础 J-1 12 个,如图 2.17 所示。

(1)独立基础垫层工程量为(　　　　　)。

(2)独立基础混凝土工程量为(　　　　　)。

(3)独立基础模板工程量为(　　　　　)。

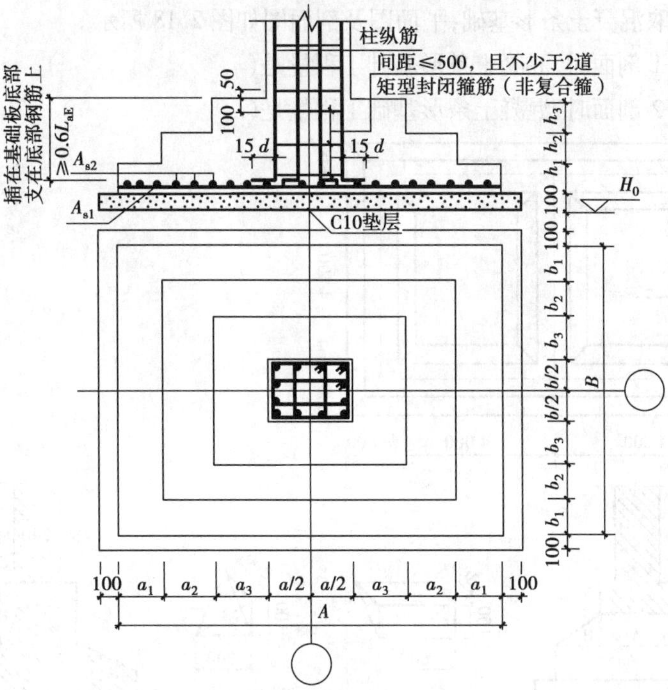

独基详图

独立基础参数表

基础编号	柱断面	基础平面尺寸								基础高度			基底标高
	$a \times b$	A	a_1	a_2	a_3	B	b_1	b_2	b_3	h_1	h_2	h_3	H_0
J-1	650×500	2 200	400	375	/	2 200	450	400	/	300	300	/	-1.500
J-2	500×500	2 200	450	400	/	2 200	450	400	/	300	300	/	-1.500
J-3	500×500	3 000	450	400	400	3 000	450	400	400	300	300	300	-1.500
J-4	500×500	3 800	550	550	550	3 800	550	550	550	300	300	300	-1.500
J-5	400×400	2 900	450	400	400	2 900	450	400	400	300	300	300	-1.500
J-6	400×400	2 000	400	400	/	2 000	400	400	/	300	300	/	-1.500
J-7	500×650	2 000	400	350	/	2 000	350	325	/	300	300	/	-1.500

图 2.17　独立基础详图及参数表

2)某工程有独立基础 J-3 8 个,如图 2.17 所示。

(1)独立基础垫层工程量为(　　　　　　　)。

(2)独立基础混凝土工程量为(　　　　　　　)。

(3)独立基础模板工程量为(　　　　　　　)。

3)某工程采取混凝土条形基础,平面图及剖面图如图 2.18 所示。

(1)采取 1—1 剖面时,混凝土条形基础工程量是(　　　　　　　　)。

(2)采取 2—2 剖面时,混凝土条形基础工程量是(　　　　　　　　)。

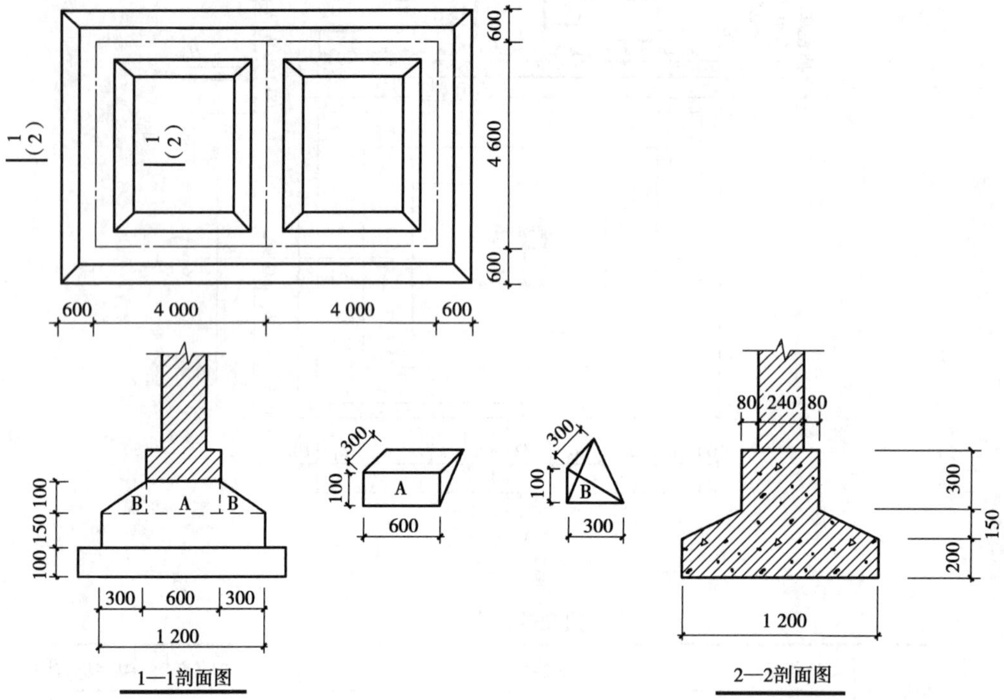

图 2.18　钢筋混凝土条形平面图和剖面图

4)某工程有桩承台基础 16 个,预制方桩 300 mm×300 mm,每根桩桩长 24 m(由 3 根桩采取包角钢焊接而成),桩承台平面图与剖面图如图 2.19 所示。

(1)该工程预制钢筋混凝土方桩工程量是(　　　　　　　　)。

(2)根据当地计价定额,接桩工程量是(　　　　　　　　)。

(3)截桩头是(　　　　　　)根。

(4)混凝土垫层工程量是(　　　　　　　　)。

(5)桩承台基础工程量是(　　　　　　　　)。

(6)承台基础模板及支架工程量是(　　　　　　　　)。

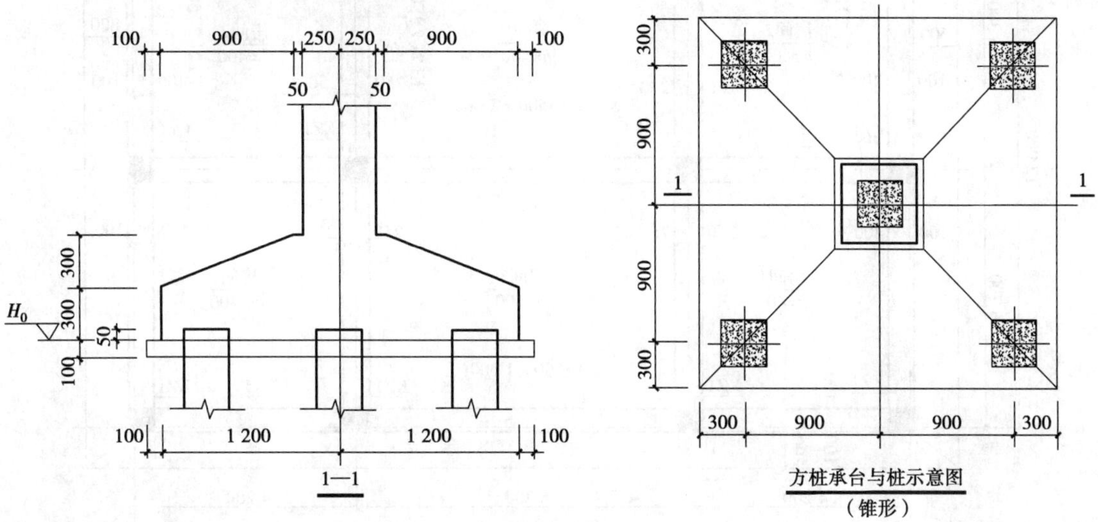

图 2.19　锥形桩承台基础平面图

5)某工程采取有梁式筏板基础,平面图如图 2.20 所示。

(1)筏板基础垫层工程量是(　　　　　　　)。

(2)筏板基础工程量是(　　　　　　　)。

(3)筏板基础模板及支架工程量是(　　　　　　　)。

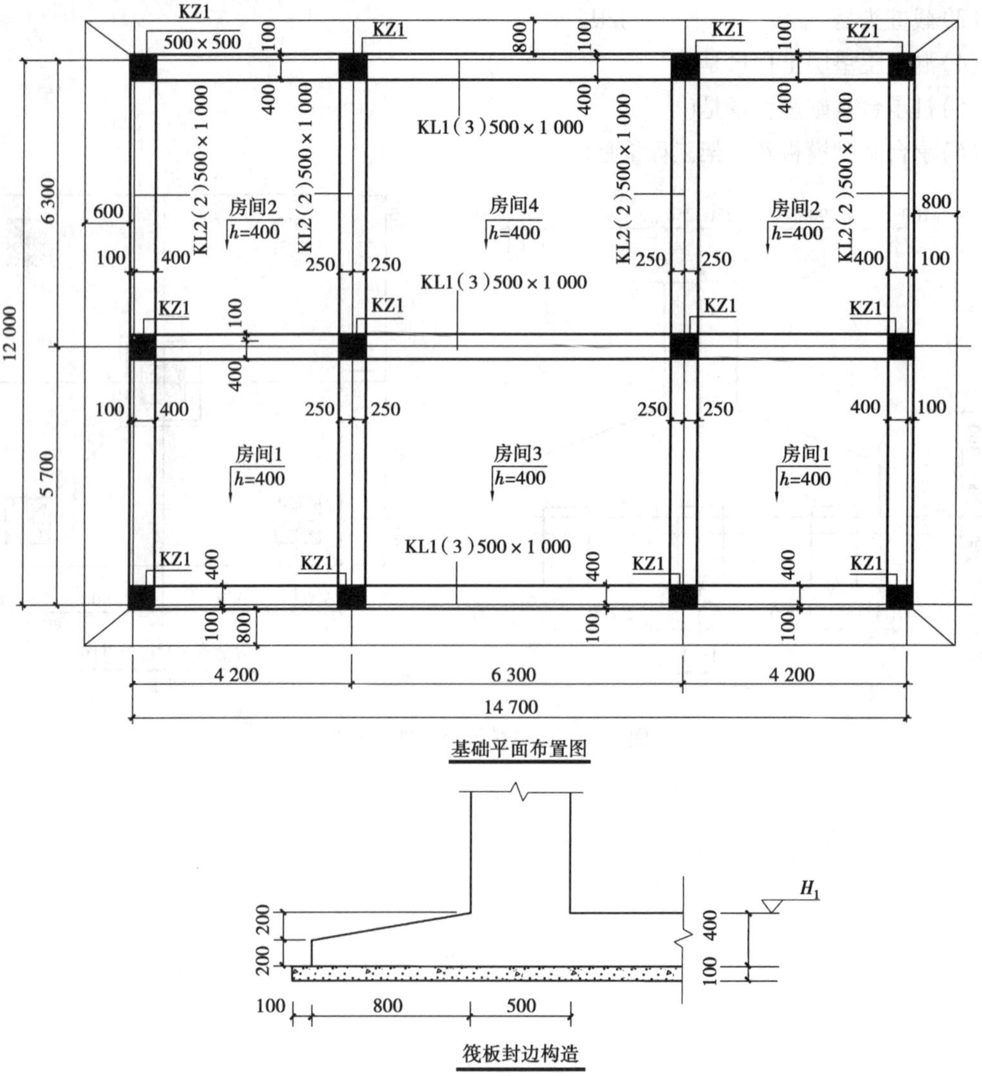

图 2.20　筏板基础平面图

6)某工程有L形构造柱12个,T形构造柱8个,十字形构造柱6个,高度均为3.6 m,节点图如图2.21所示。

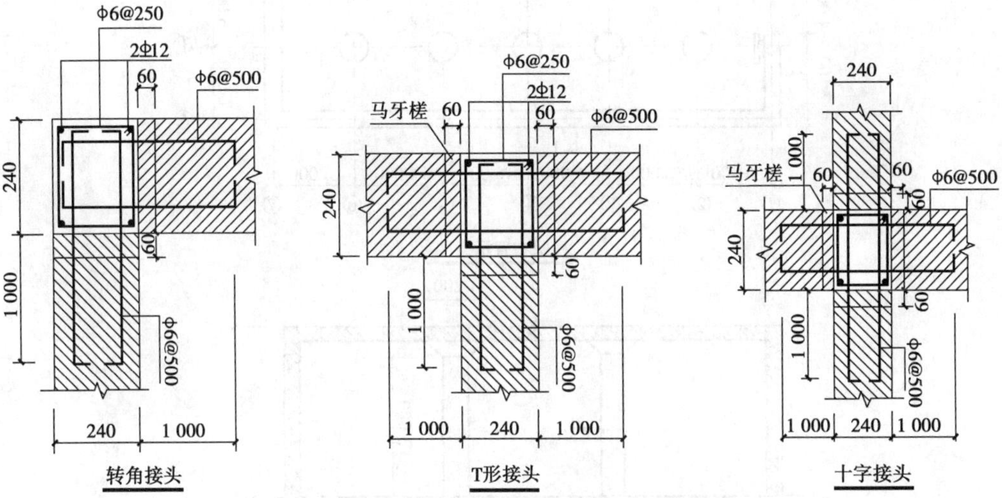

图2.21　构造柱节点图

(1)L形构造柱

①构造柱混凝土工程量是(　　　　　　　　)。

②构造柱模板工程量是(　　　　　　　　)。

(2)T形构造柱

①构造柱混凝土工程量是(　　　　　　　　)。

②构造柱模板工程量是(　　　　　　　　)。

(3)十字形构造柱

①构造柱混凝土工程量是(　　　　　　　　)。

②构造柱模板工程量是(　　　　　　　　)。

7)某工程现浇钢筋混凝土柱、墙、板,平面图及剖面图如图2.22所示,门洞4 000 mm×3 000 mm。

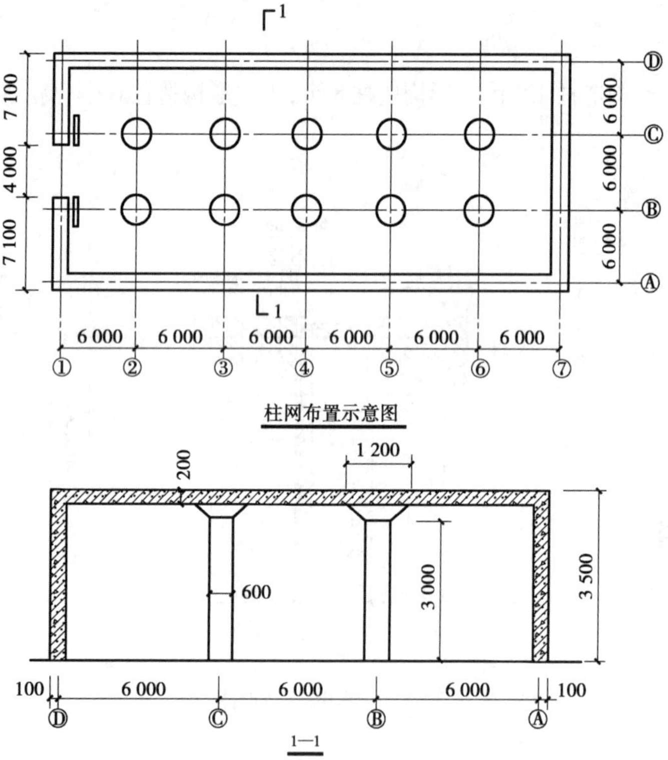

图2.22　钢筋混凝土无梁板示意图

(1)墙混凝土工程量为(　　　　　　　　)。

(2)墙模板及支架工程量为(　　　　　　　　)。

(3)无梁板混凝土工程量为(　　　　　　　　)。

(4)无梁板模板工程量为(　　　　　　　　)。

(5)该无梁板是否需要计算板模板及支架超高费。(　　　　　　　　)

(6)圆柱混凝土工程量为(　　　　　　　　)。

(7)圆柱模板及支架工程量为(　　　　　　　　)。

8)某工程某楼层平面结构图如图2.23所示,L1为梯梁,计入楼梯工程量,不计入有梁板工程量,楼板厚100 mm(无悬挑部分),该楼层框架柱从下一层楼板顶面到本层柱顶(同梁顶、板顶)高度为3.6 m。

(1)该层框架柱混凝土工程量为(　　　　　　)。

(2)该层框架柱模板工程量(外墙边的柱模板算至柱顶)为(　　　　　　)。

(3)有梁板混凝土工程量为(　　　　　　)。

(4)有梁板模板及支架工程量为(　　　　　　)。

(5)根据当地计价定额,该层有梁板是否计算模板及支架超高费。(　　　　　　)

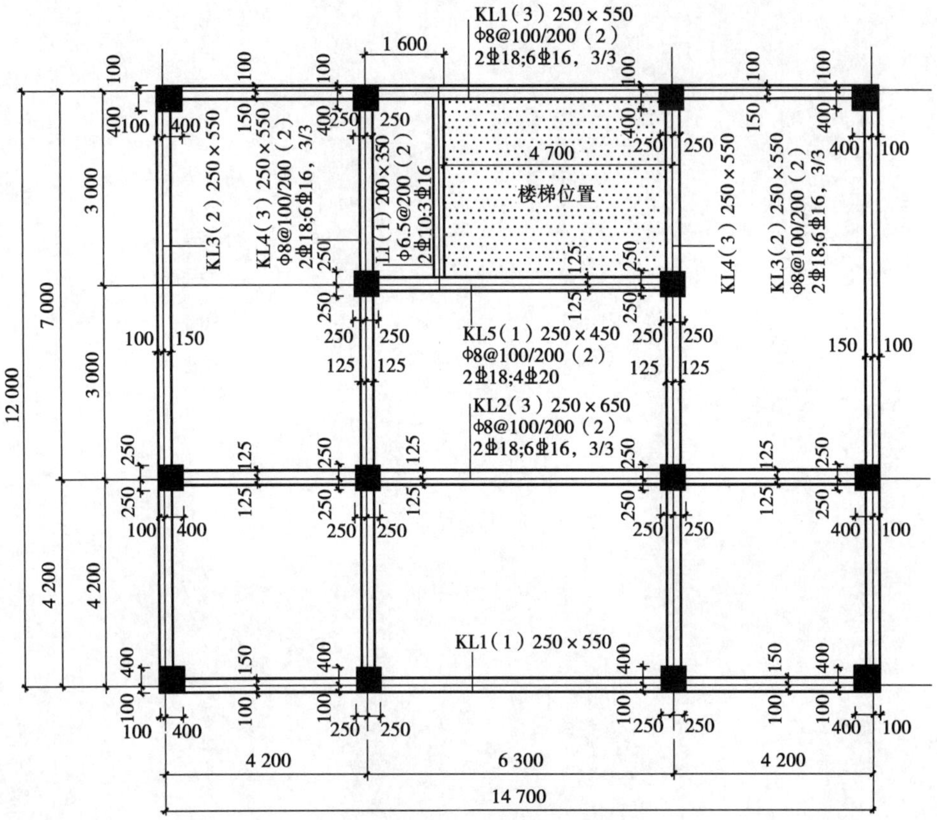

图2.23　楼层平面图

9)某工程有8根现浇混凝土花篮梁,如图2.24所示。则梁混凝土工程量为(　　　　)。

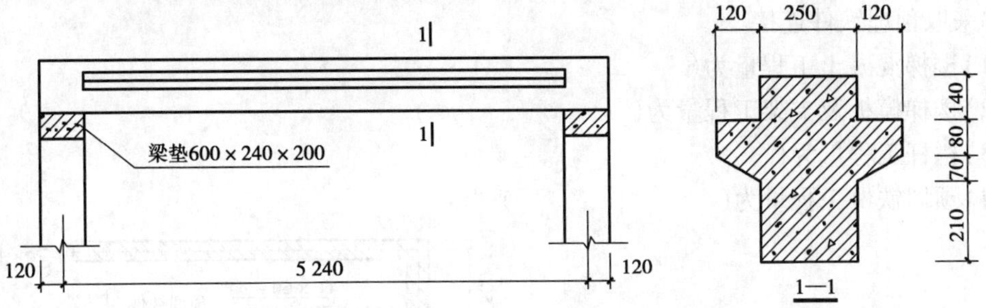

图2.24　花篮梁尺寸

10)某工程共6层,不上人屋面,现浇混凝土整体楼梯平面图如图2.25所示,梯段与楼面以200 mm宽梯梁连接。

(1)楼梯混凝土工程量为(　　　　　　　　)。

(2)楼梯模板及支架工程量为(　　　　　　　　)。

(3)根据当地计价定额,是否需要计算楼梯的折算厚度(　　　　　　　　)。

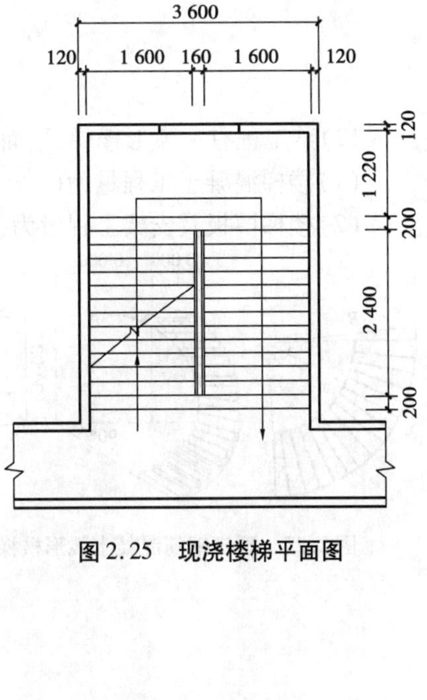

图2.25　现浇楼梯平面图

11）某地下储藏室现浇钢筋混凝土楼梯（单跑）如图 2.26 所示，型钢栏杆（木扶手），栏杆与楼梯采取预埋铁件连接。

（1）楼梯混凝土工程量为（　　　　　　　）。

（2）楼梯模板及支架工程量为（　　　　　　　）。

（3）栏杆工程量为（　　　　　　　）。

（4）预埋铁件工程量为（　　　　　　　）。

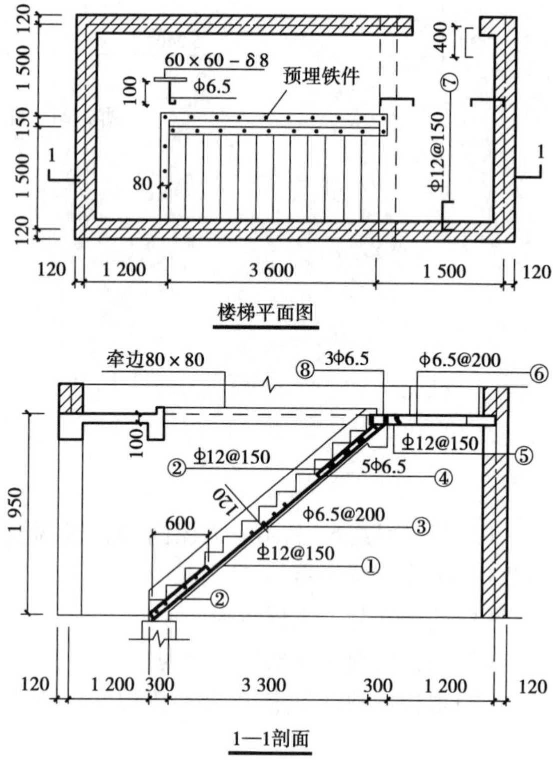

图 2.26　现浇混凝土楼梯

12）某工程有一弧形楼梯，平面图如图 2.27 所示。

（1）楼梯混凝土工程量为（　　　　　　　）。

（2）楼梯模板及支架工程量为（　　　　　　　）。

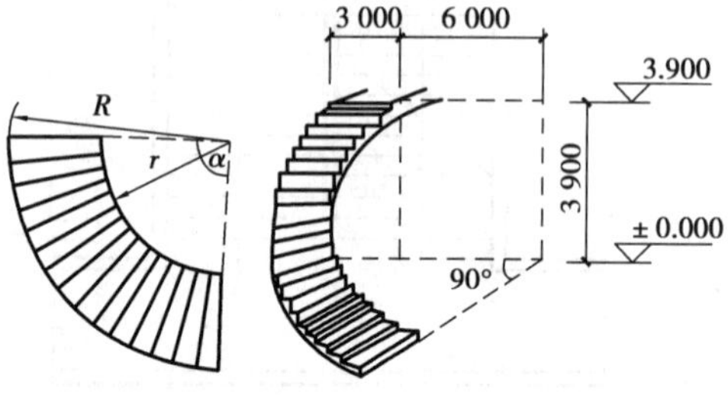

图 2.27　现浇钢筋混凝土弧形楼梯

13)某工程有一雨篷,平面图和剖面图如图2.28所示,$h=450$ mm,$h_0=150$ mm,$L=1\ 500$ mm,$A=2\ 300$ mm。

(1)雨篷混凝土工程量为(　　　　　　　　)。

(2)雨篷模板工程量为(　　　　　　　　)。

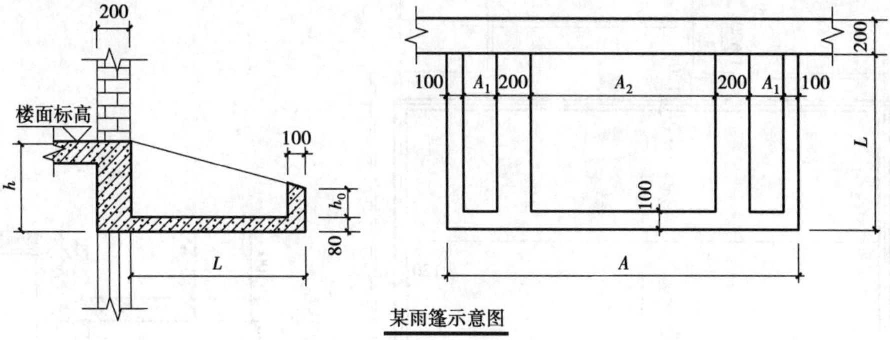

图2.28　某雨篷平面图和剖面图

14)某工程有混凝土阳台24个,平面图及剖面图如图2.29所示。

(1)阳台混凝土工程量为(　　　　　　　　)。

(2)阳台模板及支架工程量为(　　　　　　　　)。

(3)栏板混凝土工程量为(　　　　　　　　)。

(4)栏板模板及支架工程量为(　　　　　　　　)。

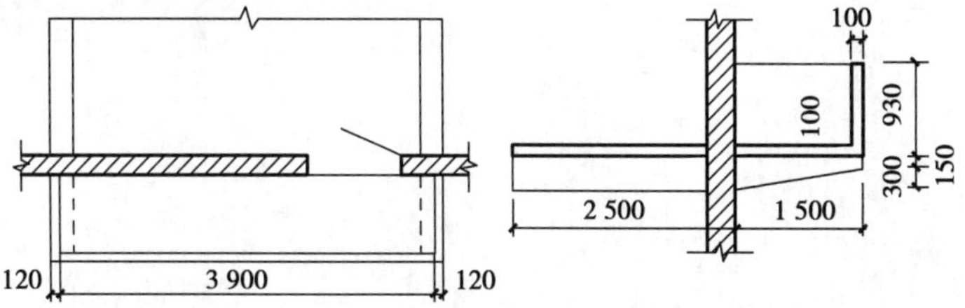

图2.29　混凝土阳台栏板

15）某工程有现浇混凝土天沟板，如图 2.30 所示。

（1）天沟板混凝土工程量为（　　　　　　　　）。

（2）天沟板模板及支架工程量为（　　　　　　　　）。

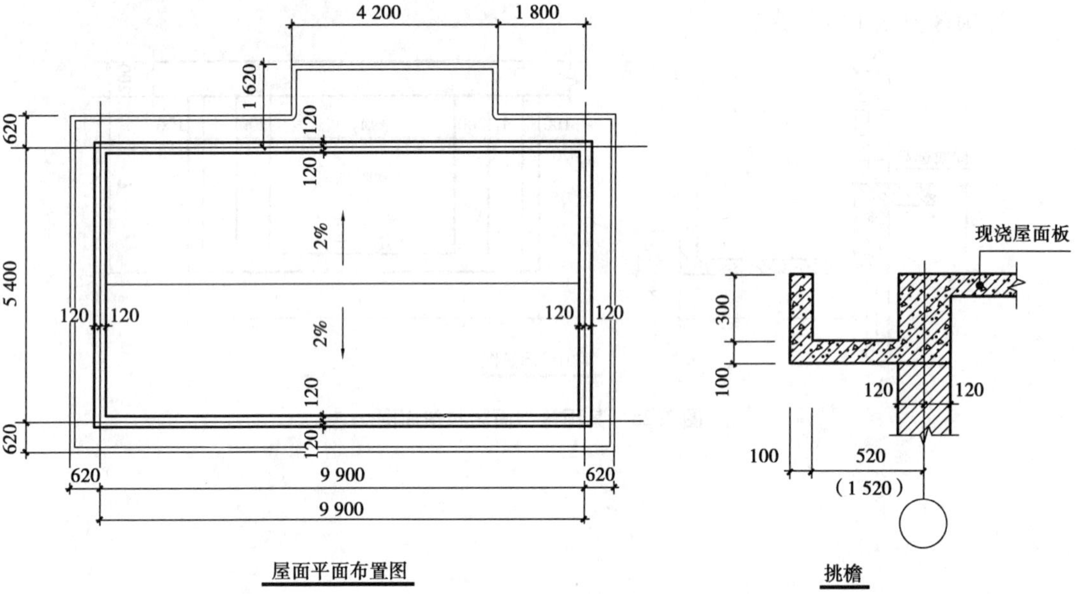

图 2.30　屋面平面布置图及剖面图

16）某工程台阶平面图及剖面图如图 2.31 所示，$L=2\ 700$ mm，$b=1\ 200$ mm，$h=300$ mm，台阶混凝土浇筑到外墙边，1∶2水泥砂浆台阶抹面。

（1）台阶混凝土工程量为（　　　　　　　　）。

（2）台阶模板工程量为（　　　　　　　　）。

（3）水泥砂浆台阶面工程量为（　　　　　　　　）。

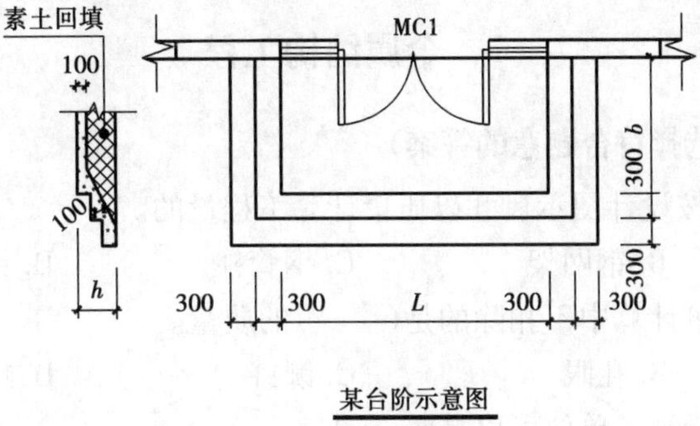

图 2.31　某台阶平面图及剖面图

4. 思考题

(1) 根据本地区的计价定额，模板工程适合单独编制清单还是包含在混凝土清单中一起编制？

(2) 本地区关于混凝土浇筑有哪些规定？

5. 操作题

(1) 根据________________工程施工图，利用现行的表格，编制该工程混凝土及钢筋混凝土工程的招标工程量清单。

(2) 利用本地区常用的工程量计算表格形式，计算清单工程量，并根据特征描述分析计价项目；根据本地区计价定额，计算计价工程量。

F　金属结构工程

1. 不定项选择题(选择符合题意的答案)

(1)以下(　　)是按设计图示尺寸以质量计算工程量的。

A. 钢桁架　B. 钢网架　C. 钢管柱　D. 钢板墙板

(2)钢网架的工程量计算中不扣除的是(　　)的质量。

A. 焊条　B. 孔眼　C. 铆钉　D. 螺栓

(3)钢屋架的工程量计量单位可以是(　　)。

A. m　B. m^2　C. 榀　D. t

(4)钢柱有(　　)类型。

A. 实腹钢柱　B. 空腹钢柱　C. 钢板柱　D. 钢管柱

(5)钢柱工程量计算中要并入计算的是(　　)。

A. 焊条　B. 铆钉　C. 牛腿　D. 内衬管

(6)实腹钢柱的类型主要有(　　)。

A. 十字形　B. T 形　C. L 形　D. H 形

E. 三角形

(7)钢梁的工程量计量单位是(　　)。

A. m　B. m^2　C. 榀　D. t

(8)钢墙架项目包括(　　)。

A. 墙架柱　B. 墙架梁　C. 连接杆件　D. 钢梯

(9)成品雨篷可以按(　　)计算工程量。

A. 按设计图示接触边以 m　B. 按设计图示尺寸以质量

C. 按设计图示尺寸以体积　D. 按设计图示尺寸以展开面积

(10)金属网栏按(　　)计算工程量。

A. 按设计图示接触边以 m　B. 按设计图示尺寸以质量

C. 按设计图示尺寸以体积　D. 按设计图示尺寸以框外围展开面积

(11)砌块墙钢丝网加固项目的工作内容包括(　　)。

A. 拼装　B. 安装　C. 铺贴　D. 锚固

(12)后浇带金属网的工程量计量单位是(　　)。

A. m　B. m^2　C. 榀　D. t

2. 判断题(正确的打"√",错误的打"×")

(1)金属构件的切边量要包括在工程量中。(　　)

(2)防火要求指耐火极限。(　　)

(3)空腹柱的类型有箱形、格构等。(　　)

(4)钢梁的工作内容不包括探伤。(　　)

(5)钢板楼板工程量计算中要扣除柱、垛及孔洞所占面积。(　　)

(6)压型钢楼板按钢板楼板项目执行。(　　)

(7)标准图设计的钢屋架按榀计量时,项目特征必须描述单榀屋架质量。 ( )
(8)钢板墙板工程量计算中,包角、包边要增加计算。 ( )
(9)成品栅栏按设计图示质量计算工程量。 ( )
(10)钢漏斗按设计个数计算工程量。 ( )

3. 填空题

如图 2.32 所示,分别回答以下问题。(∟63×6 容重为 5.72 kg/m,-8 容重为 62.80 kg/m²)

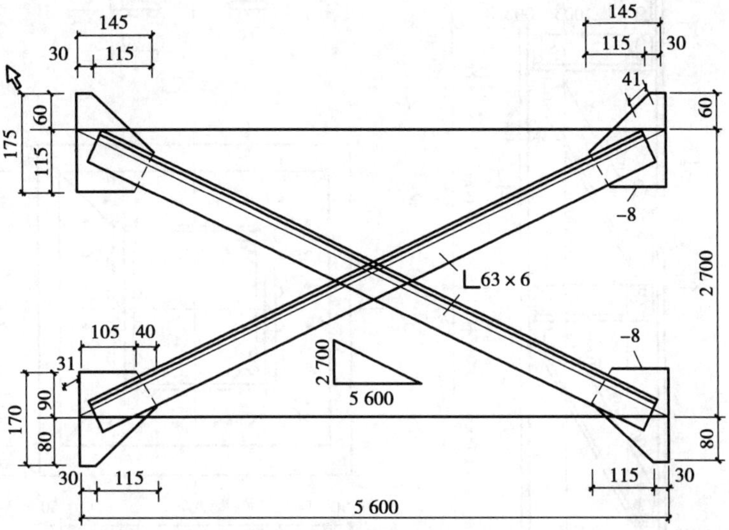

图 2.32 钢支撑结构图

(1)钢支撑项目的项目编码是( )。
(2)钢支撑项目套用定额编号是( )。
(3)根据当地计价定额计算钢支撑项目的工程量(答案请保留两位小数)为( )。
(4)根据当地计价定额计算钢支撑项目的定额合价(答案请保留两位小数)为( )。

4. 思考题

(1)金属结构工程包括哪些内容?
(2)杆支撑有什么作用? 怎么计算其工程量?

5. 操作题

【练习 1】 如图 2.33 所示钢柱结构,请计算钢柱的清单工程量和计价工程量。(已知:[100b×320×9 容重为 43.25 kg/m;∟100×100×8 容重为 12.28 kg/m;∟140×140×10 容重为 21.49 kg/m;-12 容重为 94.20 kg/m²)

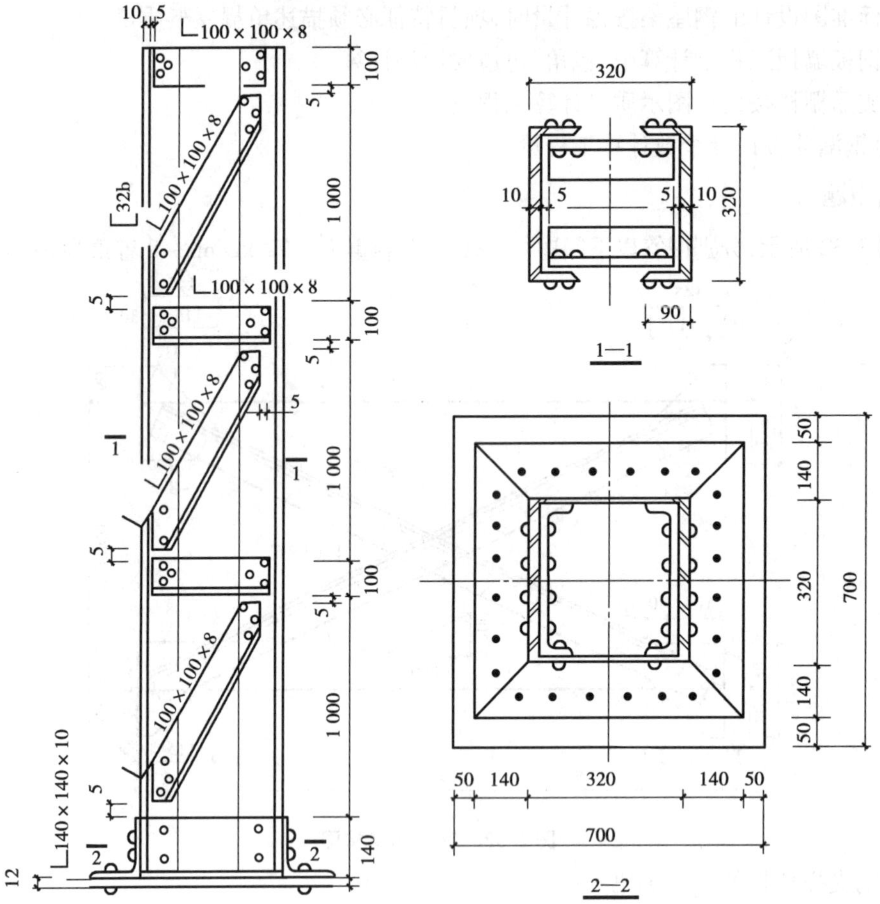

图 2.33　钢柱结构图

【练习 2】　踏步式钢梯如图 2.34 所示，请计算钢梯的清单工程量和计价工程量。（已知：∟100×10 容重为 16.69 kg/m；∟200×150×10 容重为 15.105 kg/m；∟50×5 容重为 3.77 kg/m；扁钢容重为 7 850 kg/m³）

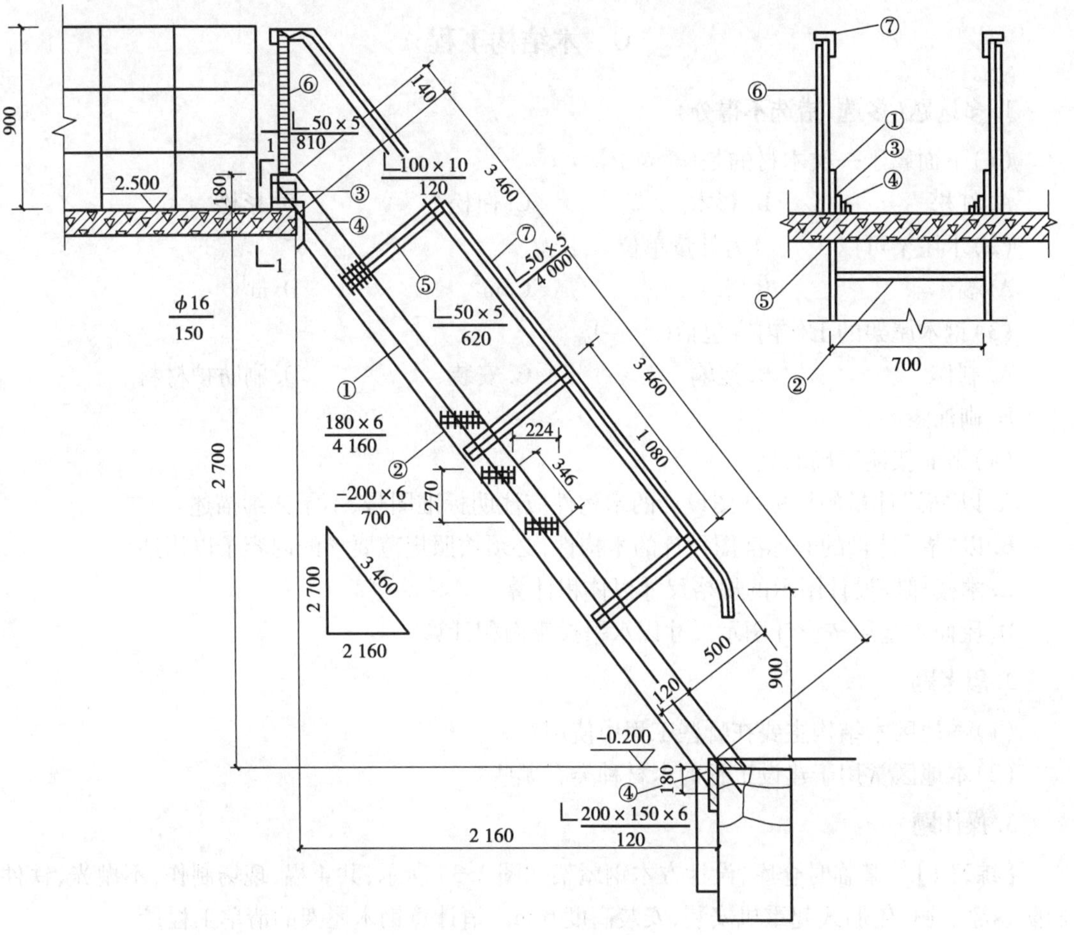

图 2.34 钢梯结构图

【练习 3】

(1)根据________________工程施工图,利用现行的表格,编制该金属结构工程的招标工程量清单。

(2)利用本地区常用的工程量计算表格形式,计算清单工程量,并根据特征描述分析计价项目;根据本地区计价定额,计算计价工程量。

G　木结构工程

1. 多选题(多选、错选不得分)

(1)下面属于一类木材的是(　　)。

A. 红松　　B. 杉木　　C. 白松　　D. 杉松

(2)木屋架可以(　　)为计量单位。

A. 榀　　B. 米　　C. m^2　　D. m^3

(3)钢木屋架的工作内容包括(　　)。

A. 制作　　B. 运输　　C. 安装　　D. 刷防护材料

E. 刷油漆

(4)下面叙述正确的是(　　)。

A. 以"榀"计量的按标准图设计的木构件应注明标准图号,不予详细描述

B. 以"榀"计量的非标准图设计的木构件,必须按照规范要求的内容予以描述

C. 木楼梯按设计图示的规格尺寸以体积计算

D. 屋面木基层按设计图示尺寸以水平投影面积计算

2. 思考题

(1)本地区木结构主要在哪些工程中使用?

(2)本地区常用于建设工程的木材种类有哪些?

3. 操作题

【练习 1】　某临时仓库,设计方木钢屋架如图 2.35 所示,共 4 榀,现场制作,不抛光,铁件刷防锈漆一遍,轮胎式起重机安装,安装高度 6 m。请计算钢木屋架的清单工程量。

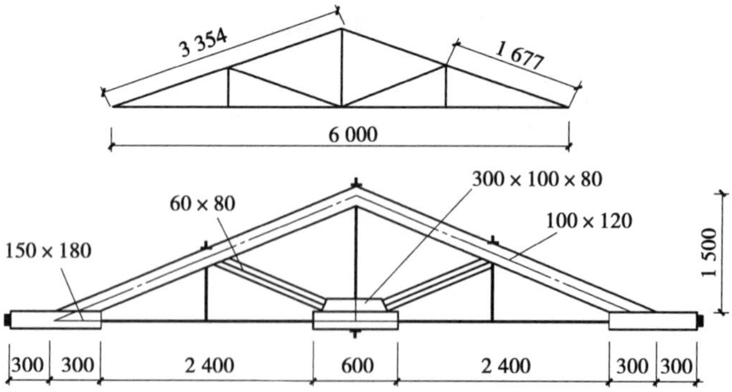

图 2.35　方木钢屋架

【练习2】

(1)根据________________工程施工图,利用现行的表格,编制该工程木结构工程的招标工程量清单。

(2)利用本地区常用的工程量计算表格形式,计算清单工程量,并根据特征描述分析计价项目;根据本地区计价定额,计算计价工程量。

H 门窗工程

1. 不定项选择题(选择符合题意的答案)

(1)结合本地区计价定额,招标工程量清单中“金属门”的计量单位宜选择(　　)。

A. 樘　　B. m　　C. m^2　　D. m^3

(2)以“樘”为计量单位的门窗工程,必须描述的项目特征有(　　)。

A. 安装高度　　B. 洞口尺寸　　C. 镶嵌玻璃品种　　D. 镶嵌玻璃厚度

(3)以“m^2”为计量单位的门窗工程,必须描述的项目特征有(　　)。

A. 安装高度　　B. 洞口尺寸　　C. 镶嵌玻璃品种　　D. 镶嵌玻璃厚度

(4)镶板木门,按设计图示(　　)以面积计算。

A. 洞口尺寸　　B. 框外围尺寸　　C. 扇外围尺寸　　D. 框外围展开尺寸

(5)铝合金门,按设计图示(　　)以面积计算。

A. 洞口尺寸　　B. 框外围尺寸　　C. 扇外围尺寸　　D. 框外围展开尺寸

(6)属于铝合金门五金的有(　　)。

A. 地弹簧　　B. 门锁　　C. 拉手　　D. 风撑

(7)木装饰空花窗,可以按设计图示(　　)以面积计算。

A. 洞口尺寸　　B. 框外围尺寸　　C. 扇外围尺寸　　D. 框外围展开尺寸

(8)铝合金窗,可以按设计图示(　　)以面积计算。

A. 洞口尺寸　　B. 框外围尺寸　　C. 扇外围尺寸　　D. 框外围展开尺寸

(9)塑钢窗,可以按设计图示(　　)以面积计算。

A. 洞口尺寸　　B. 框外围尺寸　　C. 扇外围尺寸　　D. 框外围展开尺寸

(10)断桥窗,可以按设计图示(　　)以面积计算。

A. 洞口尺寸　　B. 框外围尺寸　　C. 扇外围尺寸　　D. 框外围展开尺寸

(11)橱窗,可以按设计图示(　　)以面积计算。

A. 洞口尺寸　　B. 框外围尺寸　　C. 扇外围尺寸　　D. 框外围展开尺寸

(12)飘窗,可以按设计图示(　　)以面积计算。

A. 洞口尺寸　　B. 框外围尺寸　　C. 扇外围尺寸　　D. 框外围展开尺寸

(13)属于金属窗的五金有(　　)。

A. 折页　　B. 执手　　C. 铰拉　　D. 地弹簧

(14)金属窗的工作内容包括(　　)。

A. 窗安装　　B. 五金安装　　C. 玻璃安装　　D. 刷防护材料

(15)下列描述正确的是(　　)。

A. 规范中的门窗(橱窗除外)均是按成品编制项目

B. 金属门应区分金属平开窗、金属推拉窗、金属地弹门、全玻门等项目,分别编码

C. 以 m^2 计量,无设计图示洞口尺寸,按门框、扇外围以面积计算

D. 以 m^2 为计量单位,必须描述洞口尺寸

2. 思考题

(1)本地区普通民用建筑常用的门窗种类有哪些?

(2)本地区工业建筑常用的门窗种类有哪些?

3. **操作题**

【练习1】 某办公楼工程的门窗明细表如表2.6所示。

表2.6 门窗明细表

类 别	编 号	使用图集		洞口尺寸/mm		总 数
		图集代号	页次	宽	高	
防火门	FM 甲-1	03J609	34	1 500	2 100	8
	FM 甲-2	03J609	34	1 000	2 100	10
防火窗	GC 甲-1	03J609	89	1 200	1 500	1
木质门	MM-1	04J601-1	10	1 000	2 100	86
	MM-2	04J601-1	10	1 500	2 100	10
	MM-3	04J601-1	9	900	2 100	8
	MM-4	04J601-1	9	800	2 100	8
铝合金门	LM-1	建施	2	2 400	3 150	6
塑钢窗80推拉窗	SGC-1	建施	2	1 200	2 250	180
	SGC-2	建施	2	2 400	1 500	8
	SGC-3	建施	2	2 400	2 250	144

假设该工程招标文件明确,门窗工程由招标人直接进行发包,明确承包人完成“合同图纸中标明的各种门窗的制作、运输、安装、调整等工作”,请填写“专业工程暂估价表及结算表”(见表2.7)。

表2.7 专业工程暂估价及结算价表

工程名称: 标段: 第 页共 页

序号	工程名称	工程内容	暂估金额	结算金额	差额(±元)	备 注
合 计						

建议练习者：

(1)计算各门窗工程量；

(2)查询当地当期信息价进行合理估算。

【练习2】

(1)根据＿＿＿＿＿＿＿＿工程施工图，利用现行的表格，编制该门窗工程的招标工程量清单。

(2)利用本地区常用的工程量计算表格形式，计算清单工程量，并根据特征描述分析计价项目；根据本地区计价定额，计算计价工程量。

J 屋面及防水工程

1.不定项选择题(选择符合题意的答案)

(1)关于瓦屋面描述正确的是(　　)。

A.按设计图示尺寸以水平投影面积计算

B.瓦品种、规格必须描述

C.若采取砂浆粘贴,则必须描述粘结层砂浆的配合比

D.若在木基层上铺瓦,则不必描述粘贴结合层砂浆的配合比

(2)下面描述正确的是(　　)。

A.型材屋面的接缝、嵌缝应单独列项

B.玻璃钢屋面按设计图示尺寸以水平投影面积计算,不扣除屋面面积≤0.3 m^2 的孔洞所占面积

C.膜结构屋面按设计图示尺寸以水平投影面积计算

D.型材屋面的柱、梁、屋架根据结构形式按金属结构工程或木结构工程中相关项目编码列项

(3)下面关于项目划分描述正确的是(　　)。

A.屋面找平层应含在屋面防水中一并描述并计价

B.屋面保温找坡层应含在屋面防水中一并描述并计价

C.屋面找平层应按楼地面装饰工程"平面砂浆找平层"项目编码列项

D.屋面保温找坡层应按保温、隔热、防腐工程"保温隔热屋面"项目编码列项

(4)关于屋面柔性防水描述正确的是(　　)。

A.斜屋顶按水平投影面积计算

B.平屋顶按水平投影面积计算

C.不扣除房上烟囱、风帽底座、风道、屋面小气窗和斜沟所占面积

D.屋面的女儿墙、伸缩缝和天窗等处的弯起部分,并入屋面工程量内

E.屋面防水搭接及附加层用量单独计算并入屋面防水工程量内

(5)本地区计价定额柔性防水关于女儿墙、伸缩缝和天窗等处弯起部分的规定,描述正确的是(　　)。

A.应按图示尺寸计算

B.图纸无规定的,女儿墙和伸缩缝弯起高度可按200 mm 计算

C.图纸无规定的,女儿墙和伸缩缝弯起高度可按300 mm 计算

D.图纸无规定的,天窗弯起高度可按300 mm 计算

E.图纸无规定的,天窗弯起高度可按500 mm 计算

(6)关于屋面刚性防水,下面描述正确的是(　　)。

A.按设计图示尺寸以面积计算

B.不扣除房上烟囱、风帽底座、风道所占面积

C.若有钢筋,其钢筋按照"混凝土及钢筋混凝土"相关项目编码列项

D.若无钢筋,其钢筋项目特征不必描述

E. 本地区计价定额与计量规范中的规则相一致

(7)关于墙面防水、防潮描述正确的是(　　)。

A. 本地区计价定额中关于墙面防潮的计算规则与计量规范中的规定一致

B. 墙面防水搭接及附加层用量不另行计算,在综合单价中考虑

C. 墙面找平层应含在墙面防水中一并描述并计价

D. 墙面找平层应按墙、柱面装饰与隔断、幕墙工程“立面砂浆找平层”项目编码列项

(8)关于楼(地)面防水、防潮描述正确的是(　　)。

A. 按主墙间净面积计算,扣除凸出地面的构筑物、设备基础等所占体积

B. 不扣除间壁墙及单个面积≤0.3 m^2 柱、垛、烟囱和孔洞所占面积

C. 间壁墙是指 180 mm(包括 180 mm)以内的墙

D. 反边高度≤300 mm 算作地面防水,反边高度 >300 mm 算作墙面防水

2. 思考题

(1)建筑物需要进行防水防潮处理的部位主要有哪些?

(2)本地区屋面形式主要有哪些类型?

(3)本地区屋面防水的主要形式有哪些?

(4)本地区墙面防水的主要形式有哪些?

3. 操作题

【练习 1】

(1)设计说明:某高层屋面平面图及女儿墙节点详图如图 2.36 所示,卷材在女儿墙的弯起高度为 350 mm。

(2)要求:

①根据上述资料,依据 GB 50500—2013 和 GB 50854—2013,编制该屋面工程的工程量清单,填入表 2.8 中,并写出工程量计算式。

②建议根据项目特征描述分析计价项目,根据本地区计价定额,在计算式中注明计价项目并计算计价工程量。

表 2.8　分部分项工程量清单

工程名称:　　　　　　　　　　　　　　　　第　页共　页

序号	项目编码	项目名称	项目特征描述	计量单位	工程数量	计算式

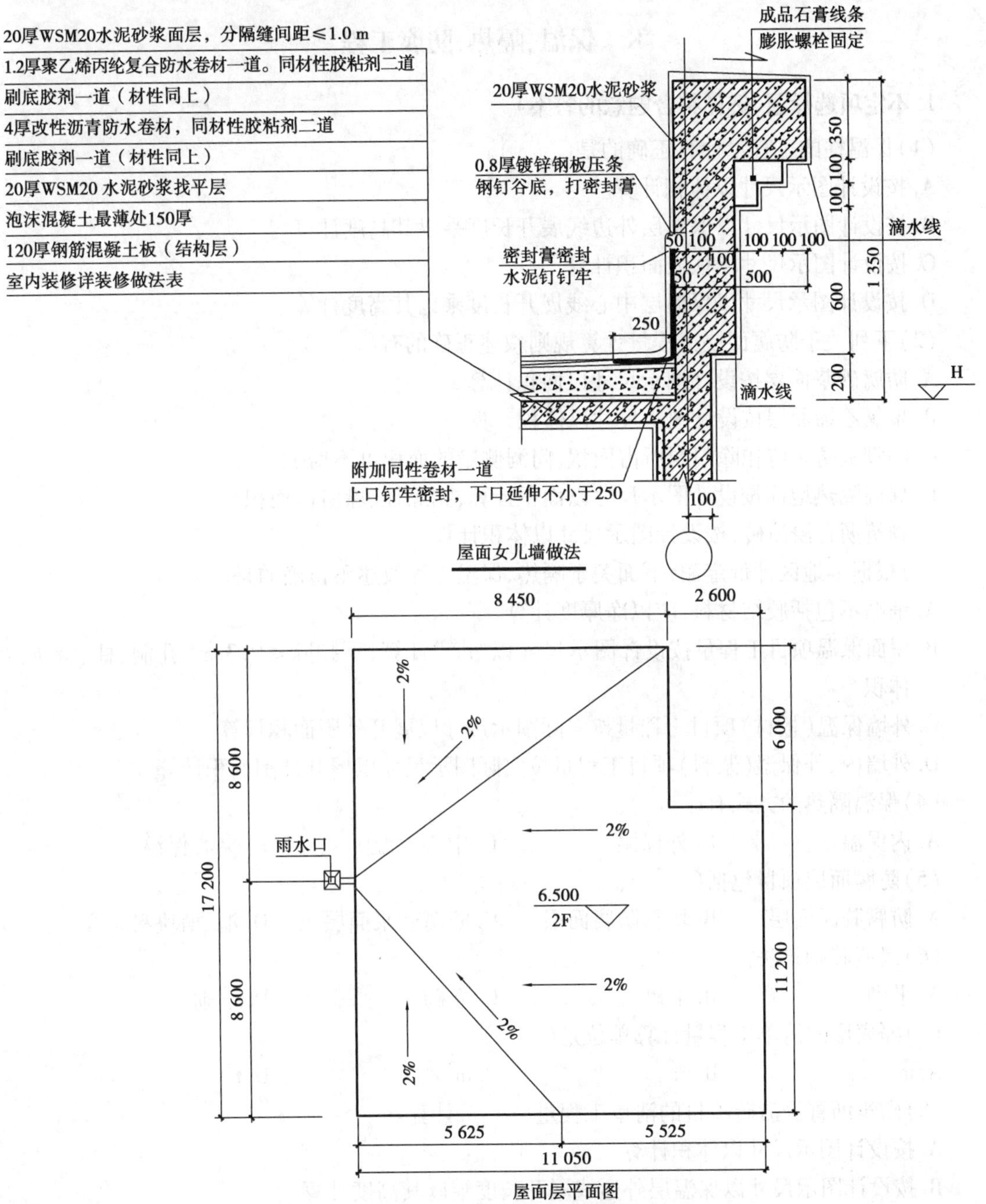

图 2.36 屋面平面图

【练习 2】

(1)根据________________工程施工图,利用现行的表格,编制该屋面及防水工程的招标工程量清单。

(2)利用本地区常用的工程量计算表格形式,计算清单工程量,并根据特征描述分析计价项目;根据本地区计价定额,计算计价工程量。

K 保温、隔热、防腐工程

1. 不定项选择题(选择符合题意的答案)

(1)保温柱的工程量计算正确的是(　　)。

A. 按设计图示尺寸以体积计算

B. 按设计图示尺寸以保温层外边线展开长度乘以其高度计算

C. 按设计图示尺寸以柱表面积计算

D. 按设计图示尺寸以保温层中心线展开长度乘以其高度计算

(2)下列关于防腐面层工程量计算规则叙述正确的有(　　)。

A. 防腐砂浆面层按设计图示尺寸以面积计算

B. 聚氯乙烯面层按设计图示尺寸以体积计算

C. 踢脚板防腐应扣除门洞所占面积,门洞侧壁的面积可不增加

D. 保温隔热地面按设计图示尺寸以面积计算,扣除柱、垛所占面积

E. 砌筑沥青浸渍砖,按设计图示尺寸以体积计算

(3)根据本地区计价定额,下面关于隔热、保温工程叙述不正确的是(　　)。

A. 铺贴不包括胶结材料,应以净厚度计算

B. 屋面保温项目工程量按设计图示尺寸以"m^2"计算,不扣除≤0.3 m^2 孔洞、柱、垛所占体积

C. 外墙保温(板材)项目工程量按实际图示尺寸以展开外围面积计算

D. 外墙内、外保温(浆料)项目工程量按实际图示尺寸以展开外围面积计算

(4)保温隔热的方式有(　　)。

A. 内保温　　B. 外保温　　C. 中心保温　　D. 夹心保温

(5)防腐面层项目包括(　　)。

A. 防腐胶泥面层　　B. 块料防腐面层　　C. 防腐砂浆面层　　D. 池、槽块料防腐

(6)浸渍砖砌筑法指(　　)。

A. 平砌　　B. 上砌　　C. 立砌　　D. 下砌

(7)隔离层的清单工程量计算单位是(　　)。

A. m　　B. m^2　　C. m^3　　D. t

(8)砌筑沥青浸渍砖项目的清单工程量(　　)计算。

A. 按设计图示尺寸以体积计算

B. 按设计图示尺寸以保温层外边线展开长度乘以其高度计算

C. 按设计图示尺寸以面积计算

D. 按设计图示尺寸以保温层中心线展开长度乘以其高度计算

(9)防腐涂料的清单工程量计算单位是(　　)。

A. m　　B. m^2　　C. m^3　　D. t

2. 判断题(正确的打"√",错误的打"×")

(1)保温隔热墙面的工作内容不包括嵌缝处理。　　(　　)

(2)柱帽保温隔热应并入柱保温隔热工程量内。　　(　　)

(3)池槽保温隔热应按其他保温隔热项目列项。 (　　)

(4)保温柱、梁适用于不与墙、天棚相连的独立柱、梁。 (　　)

(5)防腐踢脚线按本章相关项目列项计算。 (　　)

(6)防腐涂料的项目特征描述要注明涂料刷涂遍数。 (　　)

(7)隔离层的工程内容不包括煮沥青。 (　　)

(8)防腐胶泥平面防腐面层工程量计算中要增加门洞开口部分面积。 (　　)

(9)防腐胶泥立面防腐面层工程量计算中要增加门、窗、洞侧壁面积。 (　　)

3.填空题

(1)某工程屋面做法如图2.37所示,请回答以下问题。

①屋面保温项目的项目编码是(　　　　　　　　);

②屋面保温项目的项目特征必须描述(　　　　　　　　);

③按规范计算屋面保温项目的清单工程量(答案请保留两位小数)为(　　　　　　　　);

④根据当地计价定额,屋面保温项目包括的计价项目有(　　　　　　　　);

⑤根据当地计价定额计算屋面保温项目的计价工程量(答案请保留两位小数)为(　　　　　　　　);

⑥以上计价项目套用定额编号是(　　　　　　　　);

⑦在不调价的基础上计算该屋面保温项目的综合单价为(　　　　　　)。

屋面	①在钢筋混凝土板上1:12水泥蛭石找坡2%，最薄处80 mm ②在保温层上做20 mm厚1:3水泥砂浆找平层，反边高200 mm ③在找平层上做2 mm厚EVA高分子卷材防水，刷冷底油、加热烤铺，反边高200 mm ④在防水层上做20 mm厚1:2水泥砂浆保护层，反边高200 mm

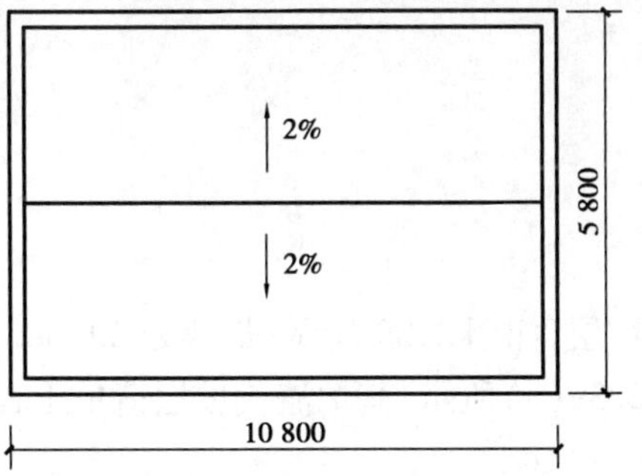

图2.37　屋面平面图

(2)某民用建筑一无梁板15 000 mm×21 000 mm,厚200 mm,有4个方柱,如图2.38所示。

①无梁板混凝土工程量为(　　　　　　　　)m^3;

②方柱混凝土工程量为(　　　　　　　　)m^3;

③无梁板保温工程量为(　　　　　　　　)m^2;

④柱保温工程量为(　　　　　　　　)m^2;

⑤根据当地计价定额,无梁板保温工程量为(　　　　　　)m^3;
⑥根据当地计价定额,方柱保温工程量为(　　　　　　)m^3。

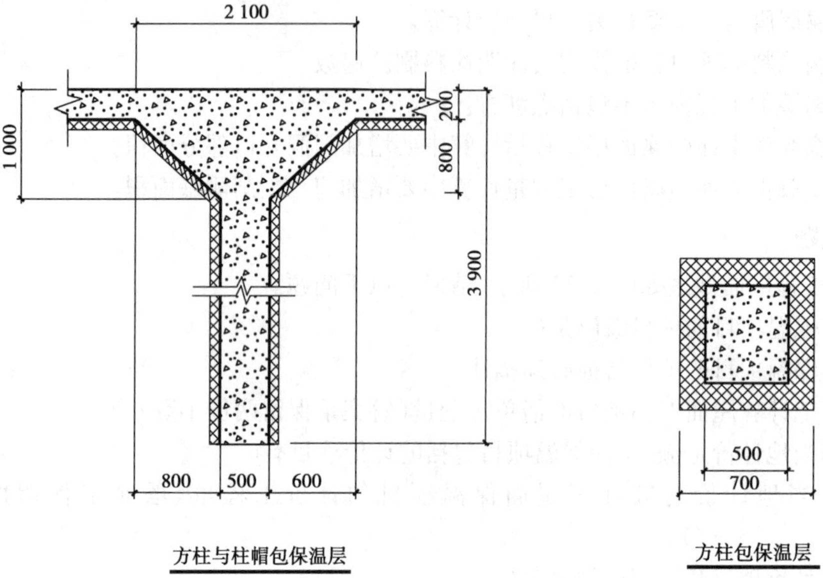

图 2.38　方柱保温示意图

(3)某工程平屋面铺炉渣找坡层,如图 2.39 所示,最薄处 20 mm,请计算保温层工程量。

①采取双向找坡屋面,如图 2.39(a)所示,其炉渣找坡层清单工程量为(　　　　　　)m^2,计价工程量为(　　　　　　)m^3;

②采取四坡水屋面,如图 2.39(b)所示,其炉渣找坡层清单工程量为(　　　　　　)m^2,计价工程量为(　　　　　　)m^3。

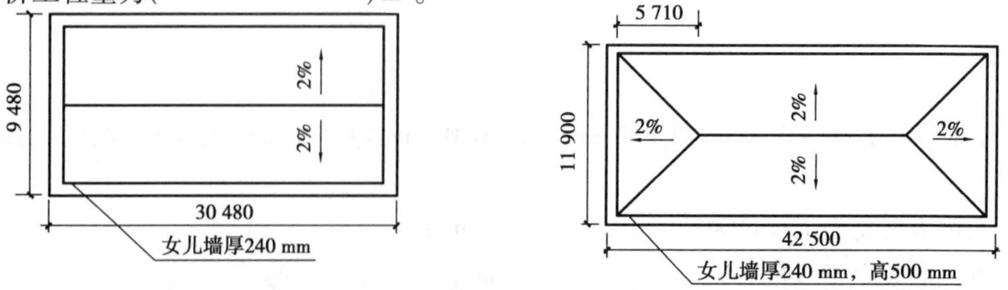

(a)双向找坡屋面示意图　　(b)四坡水屋面示意图

图 2.39　屋面找平示意图

4. **思考题**

(1)防腐、保温、隔热材料有哪些?

(2)屋面防腐、隔热、保温的施工工艺是怎样的?

5. **操作题**

【练习1】 保温平屋面尺寸如图2.40所示,屋面保温做法如下:混凝土板上15 mm厚1∶3水泥砂浆找平层,刷冷底子油两遍,沥青隔汽层一遍,12 mm厚水泥蛭石块保温层1∶10现浇水泥蛭石找坡,20 mm厚1∶3水泥砂浆找平层,SBS改性沥青卷材防水一层,砖墩点式支撑预制混凝土架空隔热板,板厚30 mm,计算水泥蛭石保温层和预制混凝土架空隔热板的清单工程量,并按当地计价定额规定计算其计价工程量。

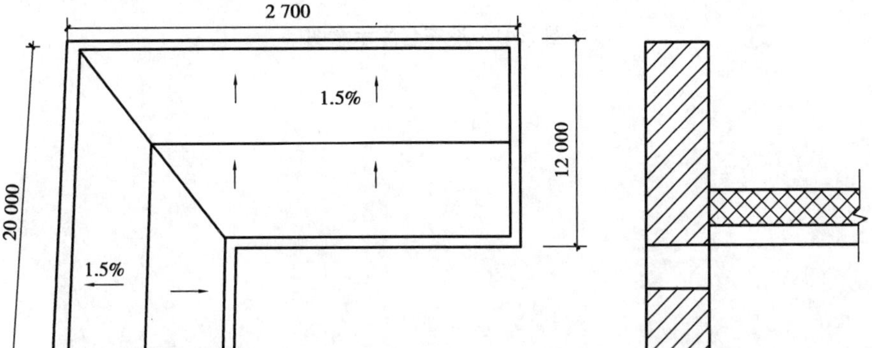

图2.40 屋面平面图

【练习2】 某冷冻仓库室内保温隔热设计如图2.41所示，采用软木保温层，厚度10 mm，门洞侧面和顶面均做保温，天棚为木龙骨保温层，请计算该工程的室内软木保温隔热层的清单工程量，并根据本地区计价定额规定计算其计价工程量。

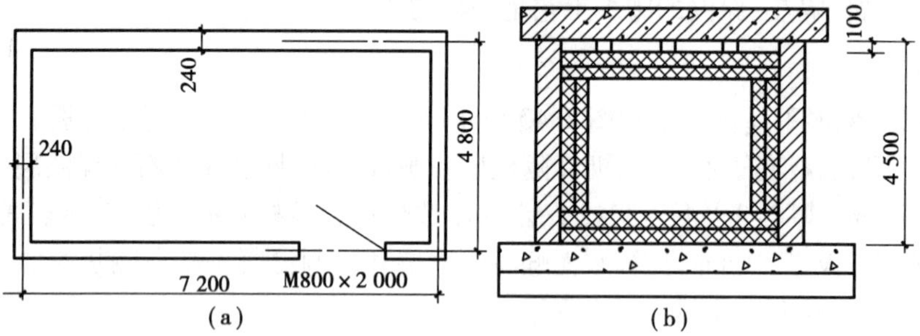

图2.41　冷冻仓库示意图

L 楼地面装饰工程

1. 不定项选择题(选择符合题意的答案)

(1)水磨石地面工程量计算,按设计图示尺寸以面积计算,不扣除(　　)所占体积。

A. 设备基础　B. 单个 0.3 m^2 以内的墙垛　C. 间壁墙

D. 孔洞　E. 单个 0.3 m^2 以内的柱

(2)关于楼梯装饰工程量计算规则,正确的说法是(　　)。

A. 按设计图示尺寸以楼梯水平投影面积计算

B. 踏步、休息平台应单独另行计算

C. 踏步应单独另行计算,休息平台不应单独另行计算

D. 踏步、休息平台不单独另行计算

E. 休息平台应单独另行计算,而踏步不应单独计算

(3)自流平楼地面工程量,按设计图示尺寸以 m^2 计,应扣除地面的(　　)所占面积。

A. 大于 0.3 m^2 孔洞　B. 间壁墙　C. 设备基础　D. 构筑物

E. 垛、柱

(4)楼地面面层工程量计算中,对空圈、壁龛等开口部分不增计的是(　　)。

A. 橡塑地面　B. 木材地面　C. 防静电地面　D. 水磨石地面

(5)踢脚线的工程量按(　　) 计算。

A. 设计图示长度乘以高度以 m^2

B. 设计图示长度以 m

C. 抹灰类踢脚按墙面室内净长线

D. 块料类踢脚按设计体积计算

(6)块料面层包括(　　)。

A. 碎石楼地面　B. 石材楼地面　C. 橡胶板楼地面　D. 块料楼地面

(7)石材楼地面工程量计算中,要并入计算的开口部位有(　　)。

A. 暖气包槽　B. 空圈　C. 门洞　D. 壁龛

(8)块料楼地面项目的工作内容包括(　　)。

A. 找平　B. 嵌缝　C. 打蜡　D. 块料磨边

(9)间壁墙是指小于等于(　　)的墙。

A. 53 mm　B. 120 mm　C. 240 mm　D. 370 mm

(10)塑料板楼地面项目属于(　　)。

A. 块料面层　B. 橡塑面层　C. 其他材料面层　D. 整体面层

(11)踢脚线工程量计算单位可以是(　　)。

A. 根　B. m^2　C. m^3　D. m

(12)水泥踢脚线的工作内容包括(　　)。

A. 基层清理　B. 底层和面层抹灰　C. 砂浆运输　D. 刷防护材料

(13)金属踢脚线的工程量计算规则是(　　)。

A. 按设计图示长度乘以高度以 m^2 计算

B. 按设计图示长度以延长米计算

C. 抹灰类踢脚按墙面室内净长线计算
D. 块料类踢脚按设计体积计算
(14)楼梯面层项目包括(　　)。
A. 块料楼梯面层　　B. 石材楼梯面层
C. 现浇水磨石楼梯面层　　D. 地毯楼梯面层
(15)楼梯面层工程量计算中,宽(　　)mm 以内的楼梯梯井水平投影面积不扣减。
A. 200　　B. 300　　C. 400　　D. 500
(16)无梯梁楼梯面层工程量计算中,算至最后一层踏步外沿加(　　)mm。
A. 200　　B. 300　　C. 400　　D. 500
(17)台阶面层工程量计算中,包含最上一层踏步外沿(　　)mm 的水平投影面积。
A. 200　　B. 300　　C. 400　　D. 500
(18)(　　)属于块料零星项目。
A. 楼梯牵边块料　　B. 台阶牵边块料
C. 楼梯侧面花岗石　　D. 0.5 m^2 以内的少量块料铺贴
(19)零星装饰项目包括(　　)零星项目。
A. 水泥砂浆　　B. 块料　　C. 石材　　D. 拼碎石材

2. 判断题(正确的打"√",错误的打"×")

(1)零星块料铺贴可以按延长米计算工程量。(　　)
(2)石材与粘结材料的结合层刷防护材料的种类不需要描述项目特征。(　　)
(3)碎石材项目面层的项目特征可不描述石材的规格、颜色。(　　)
(4)楼梯面层按水平投影面积计算工程量,梯井不计算。(　　)
(5)楼梯踢脚线属于楼梯面层项目。(　　)
(6)块料面层项目的工作内容不包括块料磨边。(　　)
(7)平面砂浆找平层只适用于仅做找平层的平面抹灰。(　　)
(8)自流平楼地面的工程量计算同水泥砂浆楼地面。(　　)
(9)整体面层项目的工作内容包括垫层。(　　)
(10)细石混凝土楼地面工程量计算中不扣除柱、垛占位面积。(　　)

3. 填空题

某工程台阶贴花岗石如图 2.42 所示,分别完成以下问题。[15 mm 厚 1∶2水泥砂浆(中砂)贴 800 mm×800 mm 花岗石]

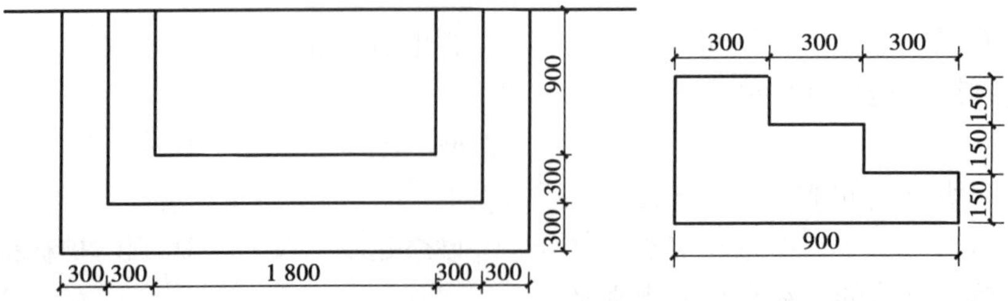

图 2.42　台阶示意图

(1)花岗石台阶面层项目的项目编码是(　　　　　　　　);

(2)花岗石台阶面层项目的项目特征必须描述(　　　　　　　　　　　);

(3)按规范计算花岗石台阶面层项目的清单工程量(答案请保留两位小数)为(　　　　　　　　　　　);

(4)根据本地区计价定额,花岗石台阶面层项目包括的计价项目有(　　　　　　　　　　　);

(5)根据本地区计价定额计算花岗石台阶面层项目的计价工程量(答案请保留两位小数)为(　　　　　　　　　　　);

(6)花岗石台阶面层的计价项目套用定额编号是(　　　　　　　　　　　);

(7)在不调价的基础上计算该花岗石台阶面层项目的综合单价为(　　　　　　　　　　　)。

4. 思考题

(1)楼地面工程在清单中是如何划分项目的?试举例说明。

(2)整体面层包括哪些项目?如何计算工程量?

(3)楼梯面层包括哪些项目?如何计算工程量?

(4)台阶面层包括哪些项目?如何计算工程量?

(5)列举出实际工程中属于零星装饰的项目。

5. 操作题

【练习1】 某工程底层平面如图2.43所示,已知地面采用素土回填后浇筑C10混凝土垫层100 mm厚,面层采用水泥砂浆抹面20 mm厚,踢脚线为水泥砂浆踢脚线120 mm高(门洞侧壁均做踢脚线,M1,M2门尺寸为1 000 mm×2 000 mm)。请确定水泥砂浆楼地面、水泥砂浆踢脚线项目编码及清单工程量,分析计价项目并计算其计价工程量。

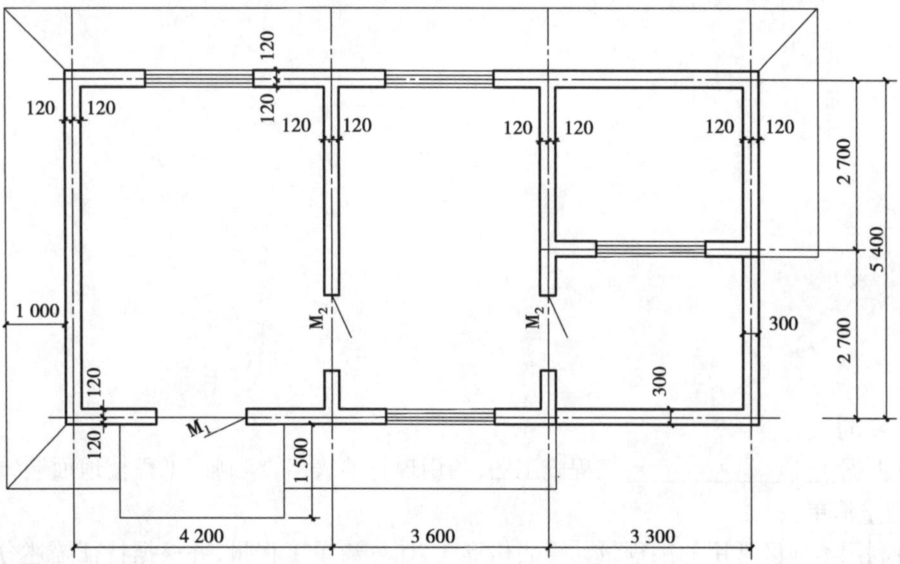

图2.43　底层平面图

【练习2】 某一层花岗石楼梯装饰平面图如图2.44所示，墙厚均为240 mm，无梯口梁，楼梯踏步宽300 mm，踏步高150 mm，花岗石踢脚线高120 mm。请确定花岗石楼梯面层、花岗石楼梯踢脚线项目编码，计算其清单工程量和计价工程量(进户部分工程量另计)。

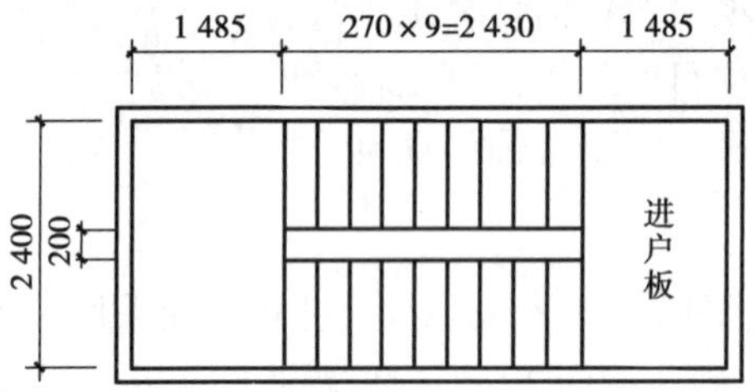

图2.44 楼梯平面图

【练习3】

(1)根据________________工程施工图，利用现行的表格，编制该工程楼地面装饰工程的招标工程量清单。

(2)利用本地区常用的工程量计算表格形式，计算清单工程量，并根据特征描述分析计价项目；根据本地区计价定额，计算计价工程量。

M 墙、柱面装饰与隔断、幕墙工程

1. 不定项选择题(选择符合题意的答案)

(1)有一结构断面为 500 mm×500 mm 的钢筋混凝土柱,柱高 6 m,外贴瓷砖饰面,瓷砖厚 10 mm,水泥砂浆粘结层厚 10 mm,则该柱块料饰面工程量为( )m^2。

A. 12.00　　B. 12.96　　C. 12.48　　D. 12.24

(2)墙柱饰面按设计图示饰面外围尺寸以相应面积计算,( )。

A. 柱帽、柱墩并入相应天棚饰面工程量内

B. 柱帽、柱墩并入相应楼板饰面工程量内

C. 柱帽、柱墩并入相应墙饰面工程量内

D. 柱帽、柱墩并入相应墙柱饰面工程量内

(3)内墙面抹灰工程量按主墙间的净长乘以高度计算,不应扣除( )。

A. 门窗洞口面积　　B. 0.3 m^2 以内孔洞所占面积

C. 踢脚线所占面积　　D. 墙与构件交接处的面积

E. 挂镜线所占的面积

(4)计算工程量时,以 m^2 为计量单位的包括( )。

A. 墙面勾缝　　B. 墙面装饰抹灰

C. 柱面勾缝　　D. 干挂石材钢骨架

E. 现浇混凝土楼梯

(5)根据清单计价的有关规定,工程量清单计算时,附墙柱侧面抹灰( )。

A. 不计算工程量,在综合单价中考虑

B. 计算工程量后并入柱面抹灰工程量

C. 计算工程量后并入墙面抹灰工程量

D. 计算工程量后并入零星抹灰工程量

(6)关于墙面抹灰装饰工程量计算规则,下列说法正确的是( )。

A. 外墙抹灰面积按外墙垂直投影面积计算

B. 外墙裙抹灰面积按其长度乘以高度计算

C. 内墙抹灰面积按间壁墙的净长乘以高度计算

D. 无墙裙的内墙高度按室外地面至天棚底面计算

E. 有墙裙的内墙高度按墙裙底至天棚底面计算

(7)无墙裙的内墙抹灰高度是指( )。

A. 无吊顶天棚时,室内地坪至楼板底的垂直距离

B. 无吊顶天棚时,室内地坪至梁底的垂直距离

C. 有吊顶天棚时,室内地坪至天棚底加 200 mm

D. 有吊顶天棚时,室内地坪至天棚底的垂直距离

(8)下面抹灰项目中,按墙面一般抹灰列项的有( )。

A. 水泥砂浆墙面抹灰　　B. 墙面干粘石

C. 聚合物水泥砂浆墙面抹灰　　D. 墙面水刷石

(9)墙面装饰抹灰包括(　　)。

A. 墙面假面石　　B. 墙面干粘石　　C. 墙面斩假石　　D. 墙面水刷石

(10)有一结构墙中心线尺寸为5 000 mm×6 000 mm,墙厚240 mm,外墙瓷砖饰面高3.5 m,门窗洞口面积3.2 m^2,其侧壁不贴砖,瓷砖厚10 mm,水泥砂浆粘结层厚10 mm,则该块料墙面工程量为(　　) m^2。

A. 76.86　　B. 77.72　　C. 80.36　　D. 73.5

(11)全玻幕墙的清单工程量按(　　)计算。

A. 设计洞口尺寸面积　　B. 设计图示尺寸面积

C. 设计图示数量樘数　　D. 设计图示外围面积

(12)成品隔断的工程量计量单位是(　　)。

A. m　　B. m^2　　C. m^3　　D. 间

(13)墙、梁、柱面抹灰中小于等于(　　)的少量抹灰属于零星抹灰。

A. 0.2 m^2　　B. 0.3 m^2　　C. 0.4 m^2　　D. 0.5 m^2

(14)墙面一般抹灰项目的工作内容包括(　　)。

A. 基层清理　　B. 底层抹灰　　C. 面层抹灰　　D. 勾分格缝

(15)隔断包括(　　)。

A. 塑料隔断　　B. 木隔断　　C. 成品隔断　　D. 金属隔断

(16)墙面块料的安装方式有(　　)。

A. 砂浆粘贴　　B. 挂贴　　C. 干挂　　D. 粘贴剂粘贴

2. 判断题(正确的打"√",错误的打"×")

(1)木隔断的工程量按设计图示框外围面积计算。(　　)

(2)幕墙项目的工作内容已经包括钢骨架的制作、安装。(　　)

(3)0.3 m^2 的柱面少量贴砖属于零星贴砖。(　　)

(4)拼碎石材墙面项目特征描述时可不描述面层材料的规格、颜色。(　　)

(5)飘窗凸出外墙面增加的抹灰按零星抹灰计算。(　　)

(6)墙面立面砂浆找平项目适用于仅做找平层的立面抹灰。(　　)

(7)有吊顶天棚的内墙抹灰,抹至吊顶以上部分并入零星抹灰计算。(　　)

(8)麻刀石灰浆墙面抹灰项目属于墙面装饰抹灰。(　　)

(9)石膏灰浆墙面抹灰属于墙面一般抹灰。(　　)

(10)墙面块料项目的工作包含酸洗打蜡。(　　)

3. 填空题

某工程4根柱子装饰如图2.45所示,分别完成以下问题。

(1)柱面花岗石项目的项目编码是(　　　　);

(2)按规范计算柱面花岗石项目的清单工程量(答案请保留两位小数)为(　　　　);

(3)根据本地区计价定额,柱面花岗石项目包括的计价项目有(　　　　);

(4)根据本地区计价定额计算柱面花岗石项目的计价工程量(答案请保留两位小数)为(　　　　);

(5)柱面花岗石的计价项目套用定额编号是(　　　　);

(6)在不调价的基础上计算该柱面花岗石项目的综合单价为(　　　　　　　)。

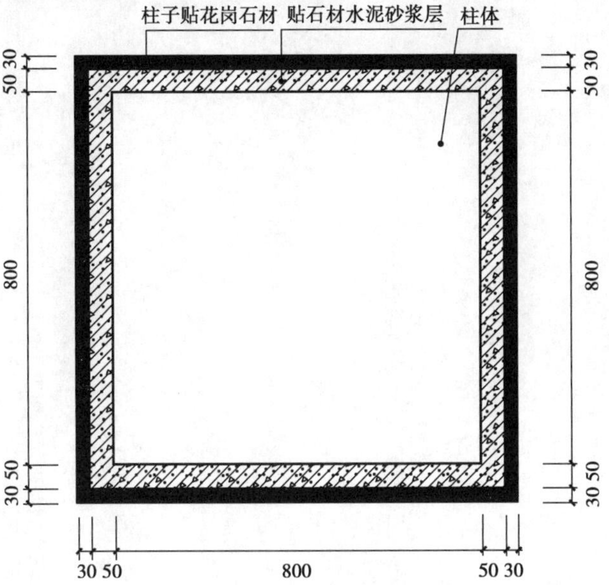

图 2.45　方柱剖面图

4. 思考题

(1)墙、柱面装饰与隔断、幕墙工程是如何划分项目的?

(2)外墙抹灰工程量包括哪些? 怎么计算工程量? 应注意什么问题?

(3)柱面抹灰和柱饰面工程量有什么不同?

5. 操作题

【练习1】 某建筑工程如图 2.46 所示,Z 直径为 600 mm,M1 洞口尺寸为 1 000 mm × 2 000 mm,C1 尺寸为 1 200 mm × 1 500 mm × 80 mm,内墙采用 15 mm 厚 1∶1∶6混合砂浆找平,5 mm厚 1∶0.3∶3混合砂浆抹面,外墙面和柱面采用 12 mm 厚 1∶3水泥砂浆找平,8 mm 厚 1∶2.5 水泥砂浆抹面。请确定内墙一般抹灰、外墙一般抹灰、柱面一般抹灰的项目编码,并计算其清单工程量和计价工程量。

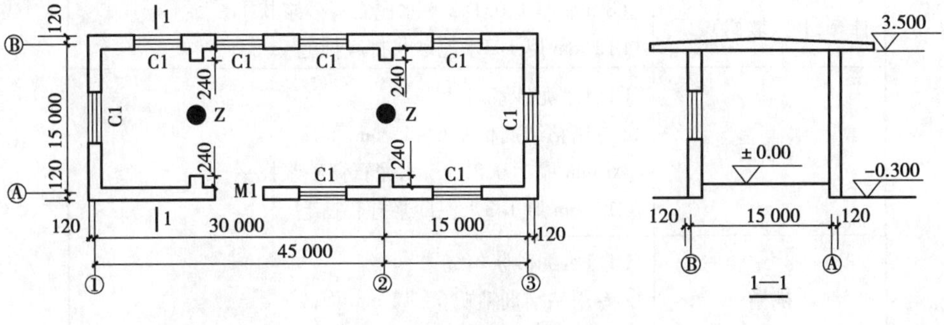

图 2.46　单层建筑物示意图

【练习 2】 某工程如图 2.47 所示，M1 为 1 000 mm × 2 000 mm，M2 为 900 mm × 2 000 mm，C1 为 1 500 mm × 1 800 mm，工程做法如表 2.9 所示。请确定内墙一般抹灰、内墙块料墙裙、外墙贴砖的项目编码，计算其清单工程量及计价工程量。

表 2.9 工程做法表

部 位	工程做法
内墙面	①刷内墙涂料 ②5 mm 厚 1∶2.5 水泥砂浆抹面，压实赶光 ③13 mm 厚 1∶3 水泥砂浆打底
内墙裙（高 900 mm）（门洞侧壁按 80 mm 计算，并入墙裙）	①白水泥擦缝 ②专用粘结剂粘贴 5 mm 彩釉砖 ③8 mm 厚 1∶0.1∶2.5 水泥石膏砂浆找平 ④12 mm 厚 1∶3 水泥砂浆打底扫毛
外墙面	①1∶1 水泥砂浆勾缝 ②专用粘结剂粘贴 6 ~ 12 mm 面砖 ③6 mm 厚 1∶0.2∶2.5 水泥石膏砂浆找平 ④12 mm 厚 1∶3 水泥砂浆打底扫毛
挑檐	①1∶1 水泥砂浆勾缝 ②专用粘结剂粘贴 6 ~ 12 mm 面砖 ③基层用 EC 聚合物砂浆修补整平

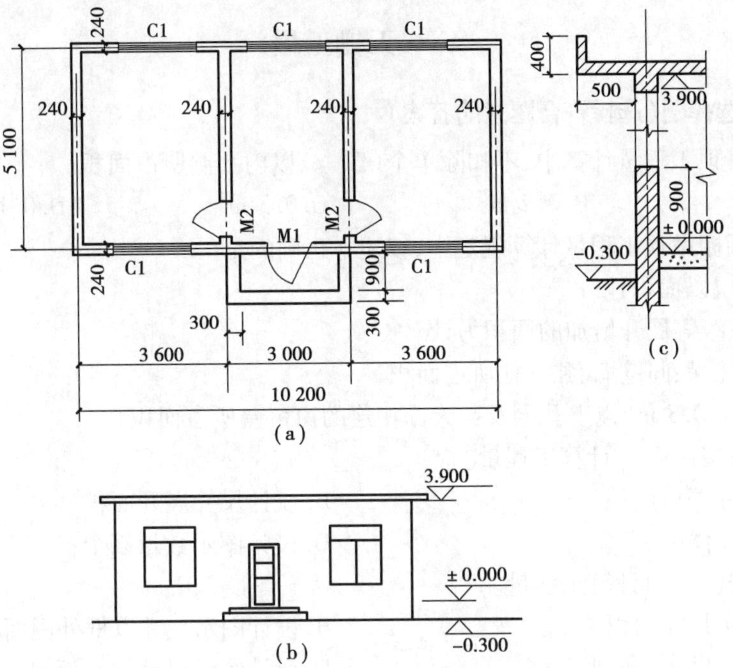

图 2.47　建筑物示意图

【练习 3】

(1)根据__________________工程施工图,利用现行的表格,编制该工程墙、柱面装饰与隔断、幕墙工程的招标工程量清单。

(2)利用本地区常用的工程量计算表格形式,计算清单工程量,并根据特征描述分析计价项目;根据本地区计价定额,计算计价工程量。

N 天棚工程

1. 不定项选择题(选择符合题意的答案)

(1)天棚吊顶工程量计算中,不扣除单个(　　)以内孔洞所占面积。

A. 0.1 m^2　　B. 0.2 m^2　　C. 0.3 m^2　　D. 0.15 m^2

(2)有关天棚吊顶工程量计算规定中,叙述不正确的是(　　)。

A. 天棚面层以面积计

B. 灯槽、跌级等展开增加的面积另计

C. 不扣除柱垛、间壁墙、独立柱所占面积

D. 扣除单个 0.3 m^2 以上孔洞及与天棚相连的窗帘盒所占面积

(3)送风口按(　　)计算工程量。

A. 设计尺寸洞口面积　　B. 设计尺寸展开面积

C. 设计尺寸体积　　D. 设计图示数量以个

(4)灯带按(　　)计算工程量。

A. 设计图示尺寸面积　　B. 设计图示尺寸以框外围面积

C. 设计图示尺寸延长米　　D. 设计图示尺寸展开面积

(5)灯带的工程内容包括(　　)。

A. 基层清理　　B. 固定　　C. 刷防腐材料　　D. 安装

(6)天棚抹灰工程量计算中,不扣除的是(　　)。

A. 柱　　B. 垛　　C. 附墙烟囱　　D. 间壁墙

(7)带梁天棚抹灰工程量计算中正确的是(　　)。

A. 梁两侧的抹灰工程不计算　　B. 梁两侧的抹灰工程并入计算

C. 梁两侧的抹灰工程单列计算　　D. 梁两侧的抹灰工程并入梁抹灰项目计算

(8)下列说法正确的是(　　)。

A. 天棚抹灰按设计图示尺寸以水平投影面积计算

B. 天棚抹灰工程量计算中要扣除检查口所占面积

C. 板式楼梯抹灰按斜面计算

D. 锯齿型楼梯底板抹灰按其水平投影面积计算

(9)按设计图示尺寸以水平投影面积计算工程量的有(　　)。

A. 织物软雕吊顶　　B. 吊筒吊顶　　C. 格栅吊顶　　D. 采光天棚

(10)采光天棚项目的工程内容包括(　　)。

A. 嵌缝　　B. 面层制作　　C. 清洗　　D. 基层清理

2. 判断题(正确的打"√",错误的打"×")

(1)采光天棚的骨架不包括在本分部,应单独列项计算。(　　)

(2)天棚吊顶工程量计算中不扣除窗帘盒所占面积。(　　)

(3)锯齿形楼梯底板抹灰工程量按展开面积计算。(　　)

(4)回风口的工程量按设计图示尺寸以面积计算。(　　)

(5)回风口项目的工程内容包括刷防腐材料。(　　)

(6)格栅吊顶天棚项目的工程内容不包括安装龙骨。 ( )

(7)井式天棚吊顶工程量要展开计算。 ( )

(8)天棚抹灰工程量计算中要扣除 >0.3 m² 柱垛占位面积。 ( )

(9)天棚吊顶的工作内容包括嵌缝处理。 ( )

(10)挑檐底板抹灰按天棚抹灰计算。 ( )

3.填空题

某工程天棚平面图如图2.48所示,已知板顶标高3.2 m,板厚120 mm,柱直径600 mm,分别回答以下问题。

(1)天棚抹灰项目的项目编码是(   );

(2)按规范计算天棚抹灰项目的清单工程量(答案请保留两位小数)为(   );

(3)根据本地区计价定额,天棚抹灰项目包括的计价项目有(   );

(4)根据本地区计价定额,计算天棚抹灰项目的计价工程量(答案请保留两位小数)为(   );

(5)天棚抹灰的计价项目套用定额编号是(   );

(6)在不调价的基础上计算该天棚抹灰项目的综合单价为(   )。

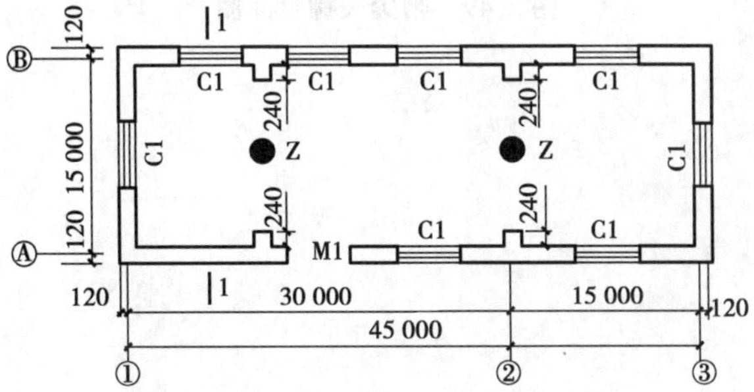

图2.48 建筑物平面图

4.思考题

(1)天棚工程包括哪些内容?

(2)平面天棚和跌级天棚的区别是什么?

(3)梁式、板式楼梯底面的抹灰工程量怎么计算?

5. **操作题**

【练习1】 某工程钢筋混凝土天棚如图2.49所示,板厚100 mm,请计算天棚混合砂浆抹灰的清单工程量和计价工程量。

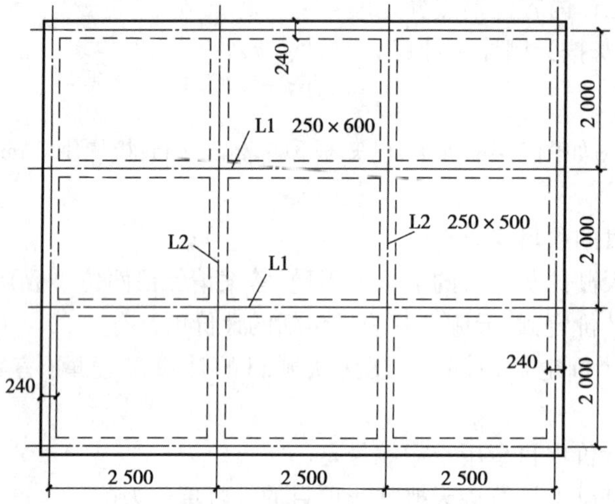

图2.49 带梁天棚平面图

【练习2】 某工程6层建筑楼梯设计图如图2.50所示，楼梯面层为水磨石面层，采用1.2 m高铁栏杆木扶手，扶手转弯处长度为0.3m/个，顶层的安全栏杆扶手水平长为1 m，楼梯底面为水泥砂浆抹灰。请确定楼梯底板抹灰的项目编码，并计算其清单工程量和计价工程量。

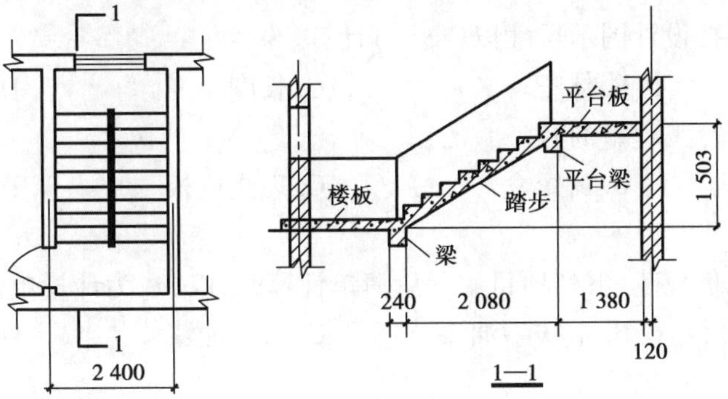

图2.50 楼梯示意图

重庆市国丰印务有限责任公司
合格证
检验工号:03

【练习3】

(1)根据________________工程施工图，利用现行的表格，编制该工程天棚工程的招标工程量清单。

(2)利用本地区常用的工程量计算表格形式，计算清单工程量，并根据特征描述分析计价项目；根据本地区计价定额，计算计价工程量。

P　油漆、涂料、裱糊工程

1. 不定项选择题(选择符合题意的答案)

(1)线条刷涂料按设计图示尺寸以(　　)计算。

A. 面积　　B. 体积　　C. 长度　　D. 质量

(2)按延长米计算工程量的有(　　)。

A. 现浇挑檐天沟　　B. 窗帘盒　　C. 现浇栏板　　D. 楼梯扶手

E. 散水

(3)根据清单计价规范,下列项目工程量清单计算时,以 m^2 为计量单位的有(　　)。

A. 门窗油漆　　B. 木扶手油漆　　C. 壁柜油漆　　D. 暖气罩油漆

E. 窗帘盒油漆

(4)下列(　　)是以延长米为计量单位的。

A. 线条刷涂料　　B. 窗台板油漆　　C. 金属门油漆

D. 楼梯扶手油漆　　E. 挂镜线油漆

(5)GB 50500—2013 规范中,墙面刷喷涂料工程内容包括(　　)。

A. 基层处理,刮腻子,刷喷涂料　　B. 基层处理,刮腻子

C. 基层清理,刷喷涂料　　D. 刮腻子,刷喷涂料

(6)栏杆刷涂料按(　　)计算工程量。

A. 设计图示尺寸以面积　　B. 设计图示尺寸以单面外围面积

C. 设计图示尺寸以延长米　　D. 设计图示扶手尺寸以延长米

(7)金属构件刷防火涂料的工程量按(　　)计算。

A. 设计图示尺寸以外围面积　　B. 设计图示尺寸以展开面积

C. 设计图示尺寸以延长米　　D. 设计图示尺寸以质量

(8)墙纸裱糊的工程内容包括(　　)。

A. 基层处理,刮腻子,面层铺贴

B. 基层处理,刮腻子,面层铺贴,刷防腐材料

C. 基层处理,面层铺贴,刷防腐材料

D. 基层处理,面层铺贴,刷防腐材料

(9)按设计图示数量以樘计算工程量的有(　　)。

A. 金属门油漆　　B. 木门油漆　　C. 木窗油漆　　D. 钢窗油漆

(10)要分别列项的金属窗油漆项目有(　　)。

A. 平开金属窗　　B. 推拉金属窗　　C. 组合金属窗　　D. 固定金属窗

2. 判断题(正确的打"√",错误的打"×")

(1)天棚喷刷涂料工程量计算要扣除柱垛占位面积。　　(　　)

(2)喷刷墙面涂料部位要注明内墙或外墙。　　(　　)

(3)满刮腻子按设计图示尺寸以延长米计算。　　(　　)

(4)木扶手分为带托板和不带托板。　　(　　)

(5)木栏杆若带木扶手,木栏杆、木扶手分别列项。　　(　　)

(6)梁柱面油漆按设计图示尺寸以梁柱展开面积计算。 ( )

(7)木地板油漆工程量计算中,门口空圈开口部分面积不计算。 ( )

(8)衣柜、壁柜油漆的工程量按设计图示尺寸以油漆部分的展开面积计算。 ( )

(9)黑板框油漆按设计图示尺寸以长度计算工程量。 ( )

(10)金属窗油漆项目的工作内容不包括除锈。 ( )

(11)门窗油漆项目如按 m^2 计算工程量,项目特征可不必描述洞口尺寸。 ( )

(12)金属面油漆项目的工作内容不包括除锈。 ( )

(13)木隔断油漆项目的工程量按设计图示尺寸以面积计算。 ( )

(14)金属构件刷防火油漆可按设计图示尺寸以质量 t 计算工程量。 ( )

(15)金属面油漆可按设计图示尺寸以质量 t 计算工程量。 ( )

3. 填空题

如图 2.51 所示,柱面采用 12 mm 厚 1∶3水泥砂浆找平,8 mm 厚 1∶2.5 水泥砂浆抹面,刮腻子一遍,刷白色乳胶漆三遍(底一面二),块料踢脚线高 120 mm,分别完成以下问题。

(1)柱面乳胶漆项目的项目编码是( );

(2)按规范计算柱面乳胶漆项目的清单工程量(答案请保留两位小数)为( );

(3)根据本地区计价定额,柱面乳胶漆项目包括的计价项目有( );

(4)根据本地区计价定额,计算柱面乳胶漆项目的计价工程量(答案请保留两位小数)为( );

(5)柱面乳胶漆的计价项目套用的定额编号是( );

(6)在不调价的基础上计算该柱面乳胶漆项目的综合单价为( )。

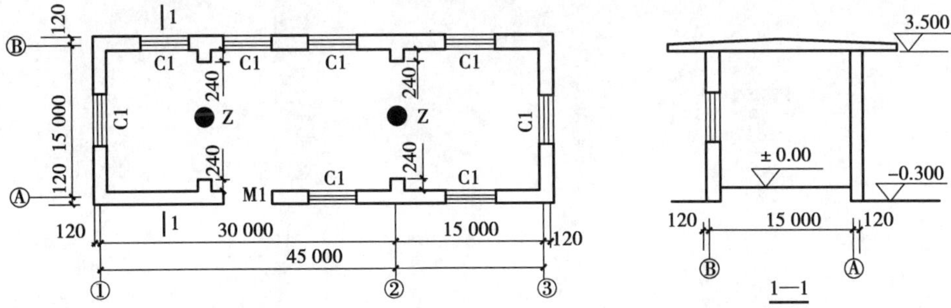

图 2.51 某工程建筑平面图

4. **思考题**

(1)油漆、涂料、裱糊工程是怎样划分项目的?

(2)楼地面、天棚、墙、柱、梁面的工程量怎么计算?

(3)木楼梯的油漆工程量怎么计算?

5. **操作题**

【练习1】 某工程设计图如图2.51所示,Z直径为600 mm,M1洞口尺寸为1 000 mm × 2 000 mm,C1尺寸为1 200 mm × 1 500 mm,装修为:块料踢脚线120 mm,内墙、天棚、柱面采用15 mm厚1∶1∶6混合砂浆找平,5 mm厚1∶0.3∶3混合砂浆抹面,满刮腻子两遍,刷白色乳胶漆三遍(底一面二);外墙面采用12 mm厚1∶3水泥砂浆找平,8 mm厚1∶2.5水泥砂浆抹面,满刮腻子一遍,外墙106涂料三遍。请确定内墙乳胶漆、外墙面涂料项目编码,并计算其清单工程量和计价工程量。(门洞侧壁均做踢脚线和抹灰刷漆,内外墙门窗洞口侧壁计算宽度为80 mm)

【练习2】 某工程墙面贴壁纸如图2.52所示，墙净高2.9 m，门窗框居中安装，门窗框宽度为80 mm，M1设计洞口尺寸为1 000 mm×2 000 mm，M2为900×2 200 mm，C1为1 200 mm×1 500 mm，C2为1 500 mm×1 500 mm，C3为1 800 mm×1 500 mm。请确定墙面壁纸的项目编码，并计算其清单工程量和计价工程量。

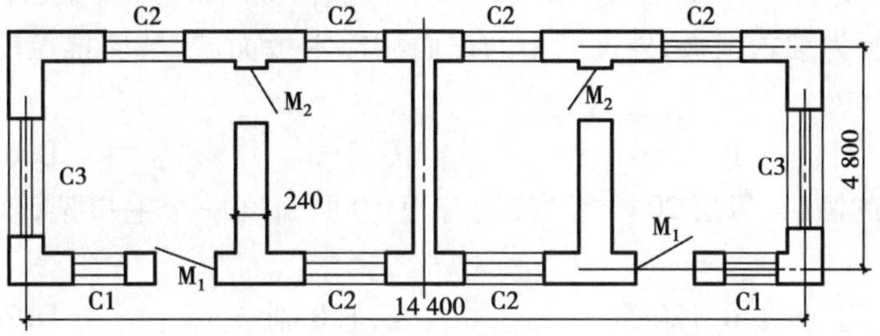

图2.52 建筑图平面示意图

【练习3】

(1)根据________________工程施工图，利用现行的表格，编制该工程油漆、涂料、裱糊工程的招标工程量清单。

(2)利用本地区常用的工程量计算表格形式，计算清单工程量，并根据特征描述分析计价项目；根据本地区计价定额，计算计价工程量。

Q　其他装饰工程

1.不定项选择题(选择符合题意的答案)

(1)某家装中,安装一个书柜,高2 m,长3 m,柜身宽400 mm,木骨架,背面、上面及侧面为三合板,底板及隔板为细木工板,外围及柜的正面贴榉木板面层,玻璃推拉门,金属轨道,该书柜的清单工程量为(　　)。

A.2 m　　B.1个　　C.3 m　　D.6 m^2

(2)某6层楼的酒店,每层20个客房,均有卫生间,每间一个毛巾架,该酒店毛巾架的工程量是(　　)

A.20个　　B.120个　　C.120副　　D.20副

(3)某工程檐口上方设招牌,长28 m,高1.5 m,钢结构龙骨,夹板基层,塑料板面层上嵌8个1 000 mm×1 000 mm泡沫塑料有机玻璃大字,有机玻璃大字的工程量是(　　)。

A.28 m　　B.8个　　C.1 m^2　　D.42 m^2

(4)某工程檐口上方设招牌,长28 m,高1.5 m,钢结构龙骨,夹板基层,塑料板面层上嵌8个1 000 mm×1 000 mm泡沫塑料有机玻璃大字,泡沫塑料大字的工程量是(　　)。

A.28m　　B.8个　　C.1 m^2　　D.42 m^2

(5)某工程檐口上方设招牌,长28 m,高1.5 m,钢结构龙骨,夹板基层,塑料板面层上嵌8个1 000 mm×1 000 mm泡沫塑料有机玻璃大字,平面招牌的工程量是(　　)。

A.28 m　　B.8个　　C.1 m^2　　D.42 m^2

(6)暖气罩的清单工程量计算单位是(　　)。

A.m　　B.个　　C.m^2　　D.m^3

(7)暖气罩包含(　　)。

A.金属暖气罩　　B.塑料暖气罩　　C.饰面板暖气罩　　D.玻璃暖气罩

(8)玻璃栏杆的工程量按(　　)计算。

A.设计图示尺寸以面积

B.设计图示尺寸以体积

C.设计图示以扶手中心线长度(包括弯头长度)

D.设计图示以扶手中心线长度(不包括弯头长度)

(9)金属旗杆按(　　)计算工程量。

A.m　　B.根　　C.m^2　　D.t

(10)某工程玻璃雨篷长3 m、宽2 m,玻璃厚5 mm,玻璃雨篷的工程量是(　　)。

A.3 m　　B.2 m　　C.6 m^2　　D.1个

(11)洗漱台的清单工程量计算单位是(　　)。

A.m　　B.个　　C.m^2　　D.m^3

(12)鞋柜的清单工程量计算单位是(　　)。

A.m　　B.个　　C.m^2　　D.m^3

(13)装饰线条按(　　)计算工程量

A.设计图示尺寸以面积　　B.设计图示尺寸以体积

C.设计图示尺寸以长度　　D.设计图示以根数

(14)塑料扶手的工程量按(　　)计算。

A.设计图示尺寸以面积

B.设计图示以扶手中心线长度(包括弯头长度)

C.设计图示尺寸以体积

D.设计图示以扶手中心线长度(不包括弯头长度)

(15)根据《建设工程工程量清单计价规范》(GB 50500—2013),装饰装修工程中可按设计图示数量计算工程量的是(　　)。

A.镜面玻璃　　B.厨房壁柜　　C.雨篷吊挂饰面　　D.金属窗台板

2.判断题(正确的打"√",错误的打"×")

(1)塑料暖气罩按设计个数计算工程量。(　　)

(2)洗漱台的工作内容包括刷油漆。(　　)

(3)雨篷吊挂饰面的工程量按其水平投影面积计算工程量。(　　)

(4)镜箱的工程量计量单位是 m^2。(　　)

(5)镜面玻璃的工程量按玻璃面积计算。(　　)

(6)卫生间的扶手按其长度计算工程量。(　　)

(7)厨房吊柜按其延长米计算工程量。(　　)

(8)酒吧台可按个数计算工程量。(　　)

(9)服务台的工程量按其体积计算。(　　)

(10)鞋柜的工程量按其长乘以高以面积计算。(　　)

(11)GRC 装饰线条可按根数计算工程量。(　　)

(12)试衣间按个数计算工程量。(　　)

(13)灯箱按其体积计算工程量。(　　)

(14)竖式标箱按其个数计算工程量。(　　)

(15)复杂的平面招牌要增加其凹凸造型部分面积。(　　)

3.思考题

(1)其他装饰工程项目包括哪些?

(2)压条、装饰线条的工程量如何计算?

(3)暖气罩工程量怎么计算?应该注意什么?

(4)收银台、试衣间的工程量怎么计算?酒店大堂收银台、展台、酒吧台怎么计算工程量?

4.操作题

【练习1】 某工程6层建筑楼梯设计图如图2.53所示,楼梯面层为水磨石面层,采用1.2 m高型钢栏杆木扶手,栏杆转弯处为0.3 m/个,顶层的安全栏杆水平长为1 m,楼梯底面为水泥砂浆抹灰。请确定楼梯型钢栏杆的项目编码,并计算其清单工程量和计价工程量。

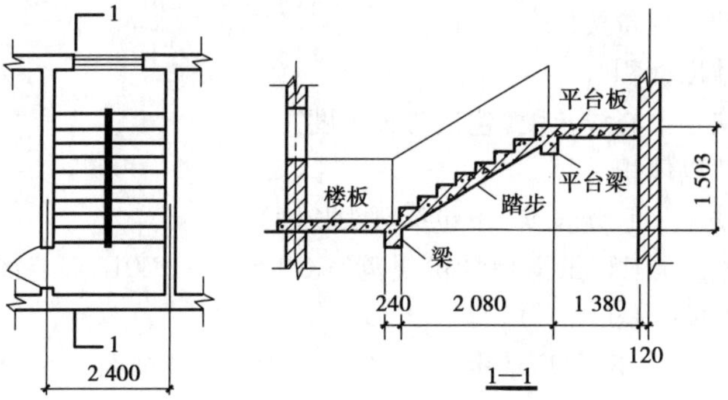

图 2.53　楼梯示意图

【练习 2】　某工程平墙式暖气罩,尺寸如图 2.54 所示,胶合板基层,榉木板面层,机制的花格散热口共 20 个。请计算该饰面板暖气罩的清单工程量。

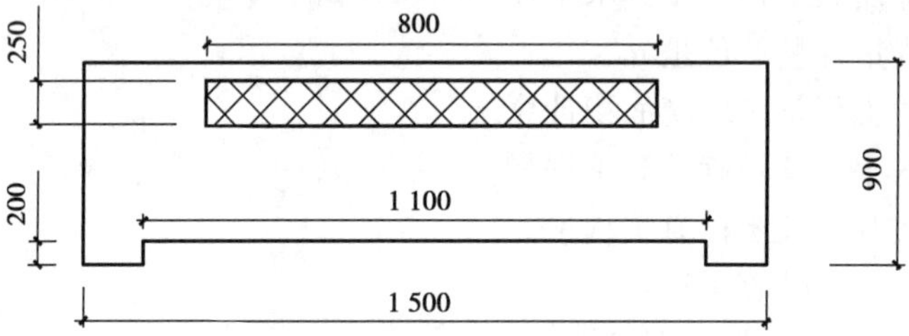

图 2.54　暖气罩示意图

【练习 3】

(1)根据________________工程施工图,利用现行的表格,编制该工程其他装饰工程的招标工程量清单。

(2)利用本地区常用的工程量计算表格形式,计算清单工程量,并根据特征描述分析计价项目;根据本地区计价定额计算,计价工程量。

R　拆除工程

1. 不定项选择题(选择符合题意的答案)

(1)下面叙述正确的是(　　)。

A. GB 50854 中的拆除工程适用于房屋工程的维修、加固、二次装修前的拆除

B. GB 50854 中的拆除工程也适用于房屋的整体拆除

C. 仿古建筑、构筑物、园林景观工程等项目拆除,也可以按照 GB 50854 中的拆除工程编码列项

D. 市政工程、园路、园桥工程等项目拆除,也可以按照 GB 50854 中的拆除工程编码列项

(2)下面叙述正确的是(　　)。

A. 对于只拆面层的项目,在项目特征中不必描述基层(或龙骨)类型(或种类)

B. 对于只拆面层的项目,在项目特征中必须描述基层(或龙骨)类型(或种类)

C. 对于基层(或龙骨)和面层同时拆除的项目,在项目特征中不必描述基层(或龙骨)类型(或种类)

D. 对于基层(或龙骨)和面层同时拆除的项目,在项目特征中必须描述基层(或龙骨)类型(或种类)

(3)下面叙述正确的是(　　)。

A. 拆除项目工作内容中含"建渣场内、外运输",因此,组成综合单价应含建渣场内、外运输

B. 拆除项目工作内容中含"建渣场内、外运输",因此,组成综合单价只含建渣场内运输

C. 拆除项目工作内容中含"建渣场内、外运输",因此,组成综合单价只含建渣场外运输

D. 拆除项目工作内容中含"建渣场内、外运输",但组成综合单价时,不含建渣场内、外运输

(4)砖砌体拆除可以(　　)为计量单位。

A. m　　B. m^2　　C. m^3　　D. 间

(5)混凝土构件拆除可以(　　)为计量单位。

A. m　　B. m^2　　C. m^3　　D. t

(6)以"m^2"为计量单位的项目有(　　)。

A. 抹灰层拆除　　B. 块料面层拆除

C. 龙骨及饰面拆除　　D. 铲除油漆涂料裱糊面

2. 判断题(正确的打"√",错误的打"×")

(1)龙骨及饰面拆除按拆除面积计算工程量。　(　　)

(2)栏杆、栏板拆除只能按 m^2,按拆除部位的面积计算。　(　　)

(3)门窗的拆除既可以按"m^2",也可以按"樘"计量,由招标工程量清单编制人选择。　(　　)

(4)金属构件拆除只能按"t"计量。　(　　)

(5)柜体拆除、窗台板拆除、窗帘盒拆除都属于其他构件拆除。　(　　)

S 措施项目

1. 不定项选择题(选择符合题意的答案)

(1)编制措施项目清单的依据有(　　)。

A. 国家计价规范和计量规范

B. 拟定的施工组织设计和施工方案

C. 拟建工程的现场情况、工程特点及常见的施工方案

D. 招标文件

(2)房屋建筑工程应该按照(　　)设置清单项目。

A. 综合脚手架　　B. 外脚手架　　C. 里脚手架　　D. 满堂脚手架

(3)计量规范中的“综合脚手架”按(　　)计算。

A. 建筑面积　　B. 垂直投影面积　　C. 水平投影面积　　D. 底层建筑面积

(4)本地区计价定额中房屋建筑物的脚手架是按(　　)计算。

A. 建筑面积　　B. 垂直投影面积　　C. 水平投影面积　　D. 底层建筑面积

(5)围墙应该按照(　　)计算脚手架。

A. 综合脚手架　　B. 单项脚手架

(6)下列属于单价措施项目的有(　　)。

A. 脚手架　　B. 混凝土模板及支架

C. 材料二次搬运　　D. 冬雨季施工

(7)下列属于总价措施项目的有(　　)。

A. 垂直运输　　B. 大型机械设备进出场及安拆

C. 安全文明施工　　D. 夜间施工

(8)下列描述正确的有(　　)。

A. 按照“建筑面积计算规则”计算建筑面积的建筑工程,应该按照“综合脚手架”编制

B. 使用综合脚手架时,不再使用单项脚手架

C. 同一建筑物有不同檐高,按照最高的檐高编列清单项目

D. 脚手架的工作内容已经包括斜道、上料平台、安全网的铺设等内容

(9)本地区计价定额中“混凝土基础模板及支架”的计算规则一般是按照(　　)。

A. 模板与现浇混凝土基础的接触面积计算

B. 水平投影面积计算

C. 垂直投影面积计算

D. 现浇混凝土基础体积计算

(10)下列关于计量规范中模板及支架工程量计算叙述正确的是(　　)。

A. 计算现浇混凝土有梁板模板及支架时,不扣除≤0.3 m^2 的孔洞所在,洞侧壁模板要增加

B. 现浇混凝土楼梯按照楼梯(包括休息平台、平台梁、斜梁和楼层板的连接梁)的水平投影面积计算,不扣除≤200 mm 楼梯井所占体积,楼梯踏步、踏步板、平台梁等侧面模板不另计算,深入墙内部分亦不增加

C. 现浇混凝土台阶按图示台阶水平投影面积计算,台阶端头两侧不另计算

D. 扶手按照延长米计算

(11)现浇混凝土梁、板支撑高度超过(　　)m 时，项目特征应描述支撑高度。

A. 3　　B. 3.6　　C. 3.9　　D. 4.2

(12)本地区计价定额中梁、板支撑高度是按照层高(　　)m 编制的，超过时，超过部分工程量另按梁板支撑超高费项目计算。

A. 3　　B. 3.6　　C. 3.9　　D. 4.2

(13)垂直运输可以按(　　)计量单位编列清单项目。

A. m　　B. m^2　　C. m^3　　D. 天

(14)某建筑工程，平屋面的板顶标高为 21.600 m，屋面板厚为 120 mm，室外标高为 -0.450，该工程的檐口高度是(　　)m。

A. 21.600　　B. 21.480　　C. 21.930　　D. 22.050

(15)本地区安全文明施工费的计算基础是(　　)。

A. 分部分项工程费　　B. 措施项目费

C. 分部分项工程费 + 措施项目费　　D. 分部分项工程的定额人工费

E. 措施项目的定额人工费

F. 分部分项工程的定额人工费 + 措施项目的定额人工费

2. 判断题(正确的打"√"，错误的打"×")

(1)措施项目清单必须根据相关工程现行国家计量规范的规定编制。(　　)

(2)措施项目必须按照规范列出的项目编制，不得自行补充。(　　)

(3)根据本地区的计价定额，同一施工单位承揽了建筑与装饰工程，建筑工程按照综合脚手架计价后，装饰工程还要对脚手架予以计价。(　　)

(4)以 m^3 计量的模板及支架，其价格应该包含在混凝土及钢筋混凝土实体项目的综合单价汇总中，不单独编列项目。(　　)

(5)同一建筑物有不同檐高时，按建筑物的不同檐高做纵向分割，分别计算建筑面积，以不同檐高分别编码列项。(　　)

3. 思考题

(1)招标工程量清单如何合理确定措施项目？

(2)投标报价时，能否修改或补充招标工程量清单中的措施项目？

4. 操作题

【练习 1】 某工程平面示意图如图 2.55 所示。假设 A 区 21 层楼，1 ~ 5 层层高均 4.5 m，6 ~ 21层层高均为 3.6 m；B 区 5 楼，层高均为 4.5 m；C 区 25 层，1 ~ 5 层层高均 4.5 m，6 ~ 25 层层高均为 3.6 m。请对该工程脚手架、垂直运输、超高施工增加费等项目计算工程量。

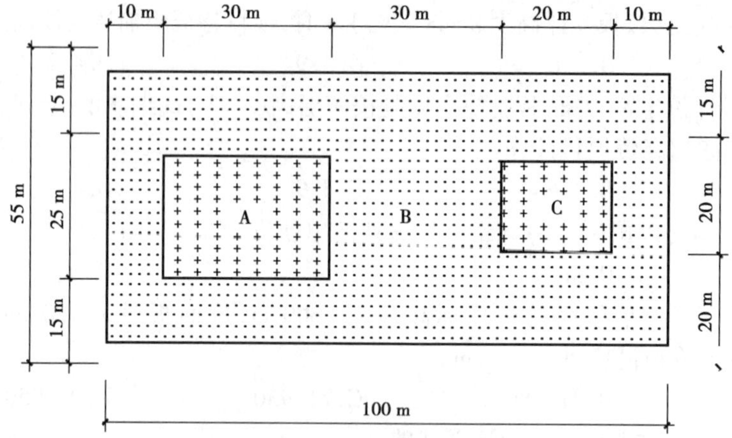

图 2.55　建筑物平面示意图

【练习 2】　某公办教学楼工程位于××省××市区,为框架结构,4 类工程,建筑面积为 638.70 m^2。编制者根据招标文件中明确的工期、施工季节、工程现场情况等,明确要计算夜间施工费、冬雨季施工费,不计算非夜间照明、二次搬运等费用。

(1)补充相关条件。(教师或学生根据当地情况完善)

(2)根据以上条件,按照本地区计价定额规定编制该工程的总价措施项目清单,填入表 2.10 中。

表 2.10　总价措施项目清单与计价表

工程名称:　　　　　　　　　　　　　标段:　　　　　　　　　　　　　第　页共　页

序号	项目编码	项目名称	计算基础	费率/%	金额/元	调整费率/%	调整后金额/元	备注
		合　计						

【练习3】

(1)根据________________工程施工图,分析工程特点,假设现场相关情况,按照常规施工方案,利用现行的表格,编制该工程的总价措施项目清单。

(2)根据________________工程施工图,分析工程特点,假设现场相关情况,按照常规施工方案,利用现行的表格,编制该工程的单价措施项目清单。

(3)利用本地区常用的工程量计算表格形式,计算单价措施项目清单工程量,并根据本地区计价定额计算计价工程量。

2.3 其他项目清单,规费、税金项目清单编制

1.不定项选择题(选择符合题意的答案)

(1)招标人在工程量清单中暂定并包括在合同价款中的,用于工程合同签订时尚未确定或不可预见的所需材料等采购、工程变更等价款调整以及索赔等支出的费用是(　　)。

A.暂列金额　　B.预留金　　C.暂估价　　D.计日工

(2)对暂列金额的说法,正确的是(　　)。

A.暂列金额不包括在合同价款中　　B.暂列金额是03规范中的零星工作项目费

C.暂列金额由发包人掌握使用　　D.暂列金额由中标人掌握使用

(3)本地区规费的计算基础是(　　)。

A.分部分项工程定额人工费　　B.措施项目定额人工费

C.分部分项工程费　　D.分部分项工程费+措施项目费

E.分部分项工程定额人工费+措施项目定额人工费

F.分部分项工程费+措施项目费+其他项目费+税金

(4)其他项目清单的内容主要有(　　)。

A.零星工作项目费　　B.暂列金额　　C.预留金　　D.暂估价

E.总承包服务费　　F.计日工

(5)暂估价的内容包括(　　)。

A.人工暂估单价　　B.材料暂估单价

C.工程设备暂估单价　　D.专业工程暂估单价

(6)计日工的内容包括承包人完成发包人提出的工程合同范围以外的零星项目或工作的(　　)。

A.人工　　B.材料　　C.施工机具　　D.规费和税金

(7)需要设置总承包服务费项目的情况是(　　)。

A.发包人进行的专业工程发包

B.承包人进行的专业工程分包

C.发包人自行采购材料、工程设备,总承包人要进行保管等服务

D.总承包人采购材料

(8)关于其他项目清单的编制,说法正确的有(　　)。

A.暂列金额是预见肯定要发生而暂时无法明确数额的费用项目

B. 专业工程暂估价应包括除规费以外的所有综合单价构成内容
C. 需要纳入分部分项工程量清单项目综合单价中的暂估价是材料暂估价和工程设备暂估价
D. 总承包服务费包括总承包人为分包工程及自行采购材料、设备发生的管理费
E. 总承包服务费包括总承包人协调发包人进行的专业工程分包,对发包人自行采购的材料、工程设备进行保管以及施工现场管理、竣工资料汇总整理等服务所需的费用

(9)规费项目清单的内容有(　　)。
A. 社会保险费　　B. 社会保障费　　C. 住房公积金　　D. 工程排污费
E. 定额测定费

(10)下面属于社会保险费的有(　　)。
A. 养老保险费　　B. 失业保险费　　C. 工伤保险费
D. 危险作业意外保险费　　E. 生育保险费

(11)工程造价中的税金包括(　　)。
A. 营业税　　B. 增值税　　C. 城市维护建设税　　D. 教育费附加
E. 地方教育费附加

2. 判断题(正确的打"√",错误的打"×")

(1)在总价包干合同中,暂列金额全部属于中标人。(　　)
(2)暂列金额和暂估价是一个概念的不同名称。(　　)
(3)暂列金额是招标人提供的用于支付必然要发生但是暂时不能确定金额的一笔款项。(　　)
(4)计日工是指人工工日消耗量。(　　)
(5)计日工适用的零星工作是指合同约定之外的或者因变更而产生的、工程量清单中没有相应项目的额外工作。(　　)
(6)规费和税金可以作为竞争性费用。(　　)
(7)招标文件中提供了暂估单价的材料或工程设备,在计价时应按暂估单价计入综合单价。(　　)
(8)材料暂估价的单价应该包括材料买价、运杂费及采购保管费。(　　)
(9)专业工程暂估价应包括该专业工程的人工费、材料费、机具费、企业管理费、规费、利润、税金。(　　)

3. 思考题

(1)本地区关于规费的设置有哪些规定?
(2)本地区税金的内容包括哪些?
(3)规费和税金为何不能竞争?

4. 操作题

【练习 1】

(1)某学校教学楼工程招标文件有如下内容:

①卫生间木隔断另行发包,要求隔断承包人完成隔断的制作、运输、安装,隔断图算量为 400 m^2,按照 160 元/m^2(当时工程所在地招标期间造价信息)估算。总承包人应配合专业工

程承包人完成以下工作：

a. 提供施工工作面并对现场进行统一管理，对竣工资料进行统一整理汇总；

b. 提供焊接电源接入点，并承担电费。

②本工程钢筋由招标人购买，假设图算量为：$\phi6.5=36$ t，$\phi10=60$ t，$\phi18=48$ t，$\phi20=67.2$ t，$\phi22=28.8$ t。按照本地区计价定额，现浇钢筋混凝土构件中的钢筋损耗率考虑材料损耗，总承包人提供材料验收入库、保管、发放等工作。按本地区当期造价信息估算发包人提供材料的价值。

③本工程以下材料暂估，见表2.11。

表2.11　材料暂估价表

序　号	材料品种、规格	单位	暂估单价（根据招标人意见，结合当时本地区造价信息确定）/元
1	防滑地砖 250 mm×250 mm	m^2	25.00
2	彩色方砖 300 mm×300 mm×50 mm	m^2	28.00
3	花岗石 三合红 600 mm×600 mm×20 mm	m^2	170.00

(2)按照本地区工种划分，填列计日工中的人工项目，数量暂列为10工日，材料、施工机具可暂不填列。

(3)该教学楼分部分项工程费6 540 000元，其中定额基价直接工程费（即人工费+材料费+机具使用费）487 690.90元；单项措施项目费320 000元，其中定额基价直接费（即人工费+材料费+机具使用费）281 600元。

请根据上述资料，利用现行计价表格编制该工程的其他项目清单。

【练习2】

(1)根据________________工程施工图，利用现行的表格，编制该工程其他项目清单。

(2)根据________________工程施工图，利用现行的表格，编制该工程规费及税金项目清单。

3 招标控制价

【练习目标】

(1)熟悉招标控制价的作用、编制主体、编制依据、编制程序;

(2)掌握综合单价的构成内容及编制方法;

(3)掌握招标控制价各项费用包含的具体内容和计算方法;

(4)能编制招标控制价。

1. 单选题(选择最符合题意的答案)

(1)招标控制价应由具有编制能力的(　　)或受其委托具有相应资质的(　　)编制和复核。

A. 投标人　　B. 造价工程师　　C. 工程造价咨询人　　D. 招标人

(2)综合单价由人工费、材料费、施工机具费、企业管理费和(　　)构成。

A. 间接费　　B. 税金　　C. 利润　　D. 规费

(3)综合单价包含人工费、材料费、施工机具费、企业管理费、利润和一定范围内的(　　)。

A. 间接费　　B. 措施项目费　　C. 规费　　D. 风险费用

(4)当招标控制价超过原批准的概算时,(　　)应将其报(　　)审核。

A. 投标人　　B. 招标人　　C. 造价管理部门　　D. 原概算审批部门

(5)招标控制价采用的材料价格应是(　　)。

A. 工程造价管理机构发布的工程造价信息　　B. 投标人的采购价格

C. 招标人市场调查的市场价格　　D. 定额价格

(6)招标文件提供了暂估单价的材料,其费用应进入(　　)。

A. 规费　　B. 其他项目费　　C. 暂列金额　　D. 综合单价

(7)招标人应在(　　)时公布招标控制价。

A. 投标预备会　　B. 发布招标文件　　C. 资格预审　　D. 开标

(8)投标人投诉时,应当提交由单位盖章和法定代表人或其委托人签名或盖章的(　　)。

A. 投诉请求　　B. 投诉申请　　C. 书面投诉书　　D. 电子投诉书

(9)当招标控制价复查结论与原公布的招标控制价误差大于(　　)时,应责成招标人改正。

A. ±1%　　B. ±2%　　C. 2.5%　　D. ±3%

(10)工程造价管理机构应当在受理投诉的(　　)天内完成复查。

A. 10　　B. 15　　C. 5　　D. 14

(11)工程造价管理机构应在不迟于结束审查的次日,将是否受理投诉的决定书面通知投诉人、(　　)以及负责该工程招投标监督的(　　)。

A. 所有投标人　　B. 工程造价管理机构

C. 招投标管理机构　　D. 被投诉人

(12)投标人认为招标控制价未按规定编制的,应在(　　)内向(　　)或(和)工程造价管理机构投诉。

A. 招投标监督机构　　B. 开标前5天

C. 招标控制价公布后5天　　D. 招标代理人

(13)综合单价是针对一个分部分项工程项目或(　　)计算的。

A. 单价措施项目　　B. 总价措施项目　　C. 单位工程　　D. 单项工程

(14)安全文明施工费不得作为竞争性费用,(　　)也不得作为竞争性费用。

A. 规费和利润　　B. 规费和税金　　C. 税金和利润　　D. 管理费和利润

(15)非国有资金投资的建设工程,宜采用(　　)计价。

A. 定额　　B. 工程量清单　　C. 综合单价　　D. 完全综合单价

(16)若发包人要求承包人采购已在招标文件中确定为甲供材料的,材料价格应(　　),并应另行签订补充协议。

A. 按工程造价管理机构发布的工程造价信息价格

B. 按招标文件或招标工程量清单中给定的价格

C. 由承包人确定

D. 由发承包双方根据市场调查确定

(17)依据《建筑工程施工发包与承包计价管理办法》,以下描述错误的是(　　)。

A. 最高投标限价应当依据工程量清单、工程计价有关规定和市场价格信息等编制

B. 招标人设有最高投标限价的,应当在招标时公布最高投标限价的总价

C. 招标时,工程量清单不应当作为招标文件的组成部分

D. 招标人设有最高投标限价的,应当在招标时公布最高投标限价的总价,以及各单位工程的分部分项工程费、措施项目费、其他项目费、规费和税金。

2. 多选题(多选、错选不得分)

(1)招标控制价的编制依据有(　　)等。

A. 国家或省级、行业建设主管部门颁发的计价定额

B. 施工现场情况　　C. 工程造价管理机构发布的工程造价信息

D. 清单计价规范　　E. 企业定额

(2)按工作程序对下面的工作过程排序(　　)。

A. 计算综合单价　　B. 汇总招标控制价　　C. 编制招标文件　　D 编制工程量清单

(3)不属于总价措施项目的有(　　)。

A. 大型机械进出场及安拆费　　B. 安全文明施工费

C. 冬雨季施工费　　D. 总承包服务费

(4)有(　　)情况时,应计算总承包服务费。

A. 招标人自行供应设备　　B. 招标人自行供应材料

C. 计日工　　D. 由招标人发包的专业工程

(5)综合单价中的材料费由材料原价、(　　)等构成。

A. 材料运输费　　B. 材料采管费　　C. 利润　　D. 材料运输损耗费

(6)工程成本由(　　)构成。

A. 规费和税金　　B. 人、材、机费用　　C. 管理费　　D. 规费和利润

(7)下列关于暂列金额和暂估价的说法,正确是(　　)。

A. 暂列金额是在施工中必然会发生的款项,而暂估价是在施工中可能会发生的金额

B. 暂列金额和暂估价都包含在合同价款中

C. 暂列金额不包含在合同价款中,而暂估价包含在合同价款中

D. 暂列金额是在施工中可能会发生的款项,而暂估价在施工中是必然会发生的金额

(8)(　　)的建设工程招标,招标人必须编制招标控制价。

A. 国有事业单位自有资金　　B. 国家特许的融资项目

C. 自然人持股的项目　　D. 使用地方财政预算资金的项目

(9)对招标控制价的投诉书包括下列内容(　　)。

A. 投诉的证明材料　　B. 投诉的具体事由

C. 被投诉人的名称　　D. 投诉的招标工程名称

(10)招标控制价需要重新公布的,应当(　　)。

A. 在投标文件截止时间至少 15 日前

B. 时间达不到规定要求的,应相应延长投标文件的截止时间

C. 仅以书面形式通知投诉人

D. 以书面形式通知所有招标文件接收人

3. 判断题(正确的打"√",错误的打"×")

(1)招标控制价应由国家注册造价工程师编制。(　　)

(2)工程造价咨询人是造价工程师和造价员的总称。(　　)

(3)招标控制价应按规范规定编制,不应上调或下浮。(　　)

(4)编制招标控制价不需要考虑施工方案。(　　)

(5)招标控制价必须保密。(　　)

(6)综合单价中应包括招标文件中划分的应由投标人承担的风险范围及其费用。(　　)

(7)招标控制价中的清单工程量可以与招标工程量清单中的工程量不一致。(　　)

(8)招标控制价采用的价格信息必须全部按照工程造价管理机构发布的工程造价信息,不能采用市场价格。(　　)

4. 思考题

(1)招标控制价的编制程序是怎样的?

(2)招标控制价的作用是什么?

(3)招标控制价与标的一样吗?为什么?

5. 操作题

【练习 1】 计算分部分项工程费。

(1)以下项目的清单工程量及计价工程量见表 3.1 和表 3.2。

表3.1 分部分项工程清单与计价表

工程名称: 标段: 第 页共 页

序号	项目编码	项目名称	项目特征描述	计量单位	工程量	金额/元		
						综合单价	合价	其中
								定额人工费
1	010101003001	挖沟槽土方	1. 土壤类别:综合二类 2. 挖土深度:1.4 m 3. 弃土运距:60%的挖方堆放在基槽边40 m处,40%的挖方堆放在基槽边5 m内	m^3	319.70			
		土石方工程小计						
2	010401001001	砖基础	1. 砖品种、规格、强度等级:MU10页岩标砖、基础240 mm厚 2. 基础类型:带形 3. 砂浆强度等级:M5水泥砂浆 4. 防潮层种类:掺无机铝盐防水剂(水泥量5%)的1∶2水泥砂浆	m^3	21.80			
		砌筑工程小计						
3	010501001001	基础垫层	1. 混凝土种类:普通混凝土 2. 混凝土强度等级:C10	m^3	16.40			
		混凝土及钢筋混凝土工程小计						
4	011101001001	水泥砂浆楼地面	1. 面层厚度、砂浆配合比:1∶2水泥砂浆25 mm厚 2. 面层做法要求:混凝土垫层上直接砂浆抹平,提浆压光	m^2	84.60			
		楼地面工程小计						
5	011204003001	块料墙面	1. 墙体类型:外墙面 2. 安装方式:1∶2水泥砂浆粘贴8 mm厚 3. 面层材料品种、规格、颜色:240×115×90,15 mm厚,土红色 4. 缝宽、嵌缝材料种类:缝宽在10 mm以内 5. 磨光、酸洗、打蜡要求:清洁达到规范要求	m^2	265.48			
		墙柱面工程小计						
		合 计						

表 3.2 工程量计算表

序号	项目编码	项目名称	单位	清单工程量	计算式(略)
1	010101003001	挖沟槽土方	m^3	319.70	
主项		人工挖沟槽土方(2 m 以内)	m^3	319.70	
副项		人力车运土方 40 m	m^3	191.82	
2	010401001001	砖基础	m^3	21.8	
主项		M5 水泥砂浆砌砖基础	m^3	21.80	
副项		水泥砂浆防潮层(掺水泥用量5%的无机铝盐防水剂)	m^2	31.15	
3	010501001001	基础垫层	m^3	16.40	
		C10 混凝土垫层	m^3	16.40	
4	011101001001	水泥砂浆楼地面	m^2	84.60	
		1:2水泥砂浆面(25 mm)	m^2	84.60	
5	011204003001	块料墙面	m^2	265.48	
		块料墙面	m^2	265.48	

(2)相关条件:

①人工费调增系数为0.92;

②机械费(机具费)按当地规定予以计算;

③管理费和利润按定额计算或当地计价规定计算;

④材料价格信息见表3.3;

表 3.3 材料价格信息

序号	材料明细	单位	单价/元	信息来源
1	页岩标砖	千匹	360	当地当期造价信息
2	水泥 32.5(大厂,袋装)	kg	0.39	当地当期造价信息
	水泥 32.5(小厂,袋装)	kg	0.35	当地当期造价信息
3	特细砂	m^3	90	当地当期造价信息
4	细砂	m^3	85	当地某期造价信息
5	中砂	m^3	85	当地当期造价信息
6	砾石 5 ~40	m^3	50	当地当期造价信息
7	碎石 5 ~40	m^3	60	当地当期造价信息
8	无机铝盐防水剂	kg	2.50	无信息价,为招标人掌握的市场价
9	水	m^3	3.00	无信息价,为招标人掌握的市场价
10	外墙砖 200 ×100	m^2	26	招标文件明确的暂估价
11				

⑤其他条件(根据各地计价规定,其余条件由老师补充)。

(3)要求完成以下内容:

①计算表3.1中各清单项目的综合单价(在此只提供一张某省综合单价分析表格式,见表3.4,教学中请选择本省的综合单价分析表予以练习)。

②将综合单价填入表3.1中,并进行小计、合计。

③涉及定额换算,应在"定额换算表"中写出换算过程。

表3.4　工程量清单综合单价分析表

工程名称:　　　　　　　　　　　　　　　　　　　　标段:　　　　　　　　　　第　页共　页

<table>
<tr><td colspan="2">项目编码</td><td colspan="2"></td><td colspan="2">项目名称</td><td colspan="2"></td><td colspan="2">计量单位</td><td colspan="2"></td><td>工程量</td><td></td></tr>
<tr><td colspan="14">清单综合单价组成明细</td></tr>
<tr><td rowspan="2">定额编号</td><td rowspan="2">定额项目名称</td><td rowspan="2">定额单位</td><td rowspan="2">数量</td><td colspan="5">单价/元</td><td colspan="5">合价/元</td></tr>
<tr><td>定额人工费</td><td>人工费</td><td>材料费</td><td>机具费</td><td>管理费和利润</td><td>定额人工费</td><td>人工费</td><td>材料费</td><td>机具费</td><td>管理费和利润</td></tr>
<tr><td></td><td></td><td></td><td></td><td></td><td></td><td></td><td></td><td></td><td></td><td></td><td></td><td></td><td></td></tr>
<tr><td></td><td></td><td></td><td></td><td></td><td></td><td></td><td></td><td></td><td></td><td></td><td></td><td></td><td></td></tr>
<tr><td></td><td></td><td></td><td></td><td></td><td></td><td></td><td></td><td></td><td></td><td></td><td></td><td></td><td></td></tr>
<tr><td colspan="9">小　计</td><td></td><td></td><td></td><td></td><td></td></tr>
<tr><td colspan="10">未计价材料(设备)费/元</td><td colspan="4"></td></tr>
<tr><td colspan="10">清单项目综合单价/元</td><td colspan="4"></td></tr>
<tr><td colspan="9"></td><td colspan="5"></td></tr>
<tr><td colspan="2" rowspan="10">材料(设备)费明细</td><td colspan="4">主要材料名称、规格、型号</td><td>单位</td><td>数量</td><td>单价/元</td><td>合价/元</td><td colspan="2">暂估单价/元</td><td colspan="2">暂估合价/元</td></tr>
<tr><td colspan="4"></td><td></td><td></td><td></td><td></td><td colspan="2"></td><td colspan="2"></td></tr>
<tr><td colspan="4"></td><td></td><td></td><td></td><td></td><td colspan="2"></td><td colspan="2"></td></tr>
<tr><td colspan="4"></td><td></td><td></td><td></td><td></td><td colspan="2"></td><td colspan="2"></td></tr>
<tr><td colspan="4"></td><td></td><td></td><td></td><td></td><td colspan="2"></td><td colspan="2"></td></tr>
<tr><td colspan="4"></td><td></td><td></td><td></td><td></td><td colspan="2"></td><td colspan="2"></td></tr>
<tr><td colspan="4"></td><td></td><td></td><td></td><td></td><td colspan="2"></td><td colspan="2"></td></tr>
<tr><td colspan="4"></td><td></td><td></td><td></td><td></td><td colspan="2"></td><td colspan="2"></td></tr>
<tr><td colspan="6">其他材料费</td><td>—</td><td></td><td colspan="2">—</td><td colspan="2"></td></tr>
<tr><td colspan="6">材料费小计</td><td>—</td><td></td><td colspan="2">—</td><td colspan="2"></td></tr>
</table>

注:①如不使用省级或行业建设主管部分发布的计价依据,可不填定额项目、编号等。

②招标文件提供了暂估单价的材料,可按暂估的单价填入表内"暂估单价"栏及"暂估合计价"栏。

【练习 2】 计算措施项目费。

1）总价措施项目费计算

某公办教学楼工程位于××省××市区，为框架结构，4 类工程，建筑面积 638.70 m^2。该工程的分部分项工程费 6 540 000 元，其中定额人工费 158 970.43 元，定额基价直接工程费（即人工费+材料费+机具使用费）487 690.90 元。

（1）补充相关条件。（教师或学生根据当地情况完善）

（2）编制者根据招标文件中明确的工期、施工季节、工程现场情况等，在招标工程量清单中列出了安全文明施工费、夜间施工费、冬雨季施工费三个总价措施项目。

（3）根据以上条件，结合本地区计价规定计算该工程的总价措施项目费，并填入表3.5中。

表 3.5 总价措施项目清单与计价表

工程名称： 标段： 第 页共 页

序号	项目编码	项目名称	计算基础	费率/%	金额/元	调整费率/%	调整后金额/元	备注
1		安全文明施工费						
2		夜间施工费						
3		冬雨季施工费						
合 计								

2）单价措施项目费计算

（1）已知以下措施项目工程量，见表 3.6。

表 3.6 措施项目工程量

序号	项目编码	项目名称	项目特征	清单工程量	计价项目	计价工程量
1	011701001001	综合脚手架	1. 建筑结构形式：框架 2. 檐口高度：18.45	1 238.15 m^2	主项：综合脚手架	1 238.15 m^2
					附项：无	
2	011702001001	有梁板模板及支架	支模高度：4.2 m	14.47 m^2	主项：有梁板模板及支架	14.47 m^2
					附项：（自行判断）	
3	011705001001	大型机械进出场及安拆	1. 机械设备名称：塔式起重机 2. 机械设备规格型号：60 kN·m	2 台次	主项：大型机械进场费	2 台次
					附项：大型机械一次安拆费	2 台次
					附项：大式起重机基础费用（固定式基础，带配重）	2 座

(2)相关计价条件如下：

①本地区当前措施项目人工费调整系数为(　　　)；

②机械费(机具费)按本地区规定予以计算；

③管理费和利润按定额计算或本地区计价规定计算；

④本地区当前的材料价格信息见表3.7(自行完善)；

⑤其他条件(自行补充)。

表3.7　材料价格信息

序号	材料明细	单位	单价/元	信息来源
1				
2				
3				
4				
5				
7				
8				

(3)要求:完成表3.6中单价措施项目的综合分析。

【练习3】 计算其他项目费。

根据2.3节“其他项目清单,规费、税金项目清单”中“练习1”的资料,结合本地区计价规定予以确定其他项目费,填入表3.8中。(注:明细表没有在此提供,可以自行补充或者在备注栏写出计算过程)

表3.8　其他项目清单与计价汇总表

工程名称：　　　　　　　　　　　　　　　　　　　　　　　　　　　　第　页共　页

序号	项目名称	金额/元	结算金额	备　注
1	暂列金额			
2	暂估价			
2.1	材料工程(设备暂估价)/结算价			
2.2	专业工程暂估价/结算价			
3	计日工			
4	总承包服务费			
	合　计			

【练习 4】 计算规费和税金。

已知：

(1)某教学楼工程的分部分项工程费 6 540 000 元,其中定额人工费 158 970.43 元,定额基价直接工程费(即人工费 + 材料费 + 机具使用费)487 690.90 元;

(2)单价措施项目费 320 000 元,其中人工费 0.67 万元,定额人工费 0.36 万元,定额基价直接工程费(即人工费 + 材料费 + 机具使用费)281 600 元;

(3)总价措施项目费见表 3.5;

(4)其他项目费见表 3.8;

(5)规费的内容和费率按本地区计价规定计取;

(6)税金的税率按计价规定计取。

要求：

(1)补充相关条件。(教师或学生根据当地情况完善)

(2)计算规费和税金,并填制规费、税金项目计价表(见表 3.9)。

表 3.9 规费、税金项目计价表

工程名称： 标段： 第 页共 页

序号	工程名称	计算基础	计算基数	费率/%	金额/元
1	规费				
1.1	社会保险费				
(1)	养老保险费				
(2)	失业保险费				
(3)	医疗保险费				
(4)	工伤保险费				
(5)	生育保险费				
1.2	住房公积金				
1.3	工程排污费				
2	税金				

【练习 5】 招标控制价汇总。

已知：

(1)某教学楼工程的分部分项工程费 6 540 000 元,其中定额人工费 158 970.43 元,定额基价直接工程费(即人工费 + 材料费 + 机具使用费)487 690.90 元;

(2)单价措施项目费 320 000 万元,其中人工费 0.67 万元,定额人工费 0.36 万元;

(3)总价措施项目费见表 3.5;

(4)其他项目费见表 3.8;

(5)规费和税金见表3.9。

要求：

(1)补充相关条件。(教师或学生根据当地情况完善)

(2)根据以上条件,填制单位工程招标控制价汇总表,见表3.10。(分部分项工程费应按分部工程细化,在此省略)

表3.10 单位工程招标控制价汇总表

序号	汇总内容	金额/元	其中暂估价/元
1	分部分项工程		
1.1	土石方工程		
	…		
2	措施项目		
2.1	其中:安全文明施工费		
3	其他项目		
3.1	其中:暂列金额		
3.2	其中:专业工程暂估价		
3.3	其中:计日工		
3.4	其中:总承包服务费		
4	规费		
5	税金		
招标控制价合计			

4 投标报价

【练习目标】

(1)熟悉投标报价的作用、编制人、编制依据、编制程序;

(2)理解投标报价与招标控制价的异同;

(3)掌握投标报价各项费用包含的具体内容和计算方法;

(4)能根据已知条件编制投标报价。

1.单选题(选择最符合题意的答案)

(1)投标报价应由(　　)或受其委托具有相应资质的(　　)编制。

A.投标人　　B.造价工程师　　C.工程造价咨询人　　D.招标人

(2)投标价应在一个合理范围内才是有效的,即不得低于(　　),不得高于(　　)。

A.招标控制价　　B.标底　　C.利润　　D.工程成本

(3)招标工程量清单项目中的特征描述是确定(　　)的依据。

A.其他项目费　　B.规费　　C.综合单价　　D.暂估价

(4)投标人未填写单价和合价的项目,可视为此项目费用(　　)。

A.未计价

B.已包含在已标价工程量清单中其他项目的单价和合价之中

C.已包含在已标价工程量清单中的其他项目费中

D.已包含在暂估价中,竣工结算时予以调整

(5)"工程造价管理机构发布的工程造价信息"是(　　)发布的工程建设的人工、材料、工程设备、施工机械台班的价格信息,以及各类工程的造价指数、指标。

A.建设主管部门　　B.国土局

C.物价局　　D.工程造价管理机构

(6)投标报价采用的价格应是(　　)。

A.工程造价管理机构发布的工程造价信息

B.各投标人掌握的市场价格信息

C.招标人市场调查的市场价格

D.定额价格

(7)在有专业工程发包和(　　)的情况下,投标报价应该计取总承包服务费。

A.招标人供应材料和(或)设备

B.承包人依法将承包工程再分包

C.计日工

D. 投标人采购材料和(或)设备

(8)计日工包含的费用有人工费、材料费、施工机具费、管理费和(　　)。

A. 规费　　B. 税金　　C. 利润　　D. 综合单价

(9)依据《建筑工程施工发包与承包计价管理办法》,以下描述错误的是(　　)。

A. 投标报价不得低于工程成本,不得高于最高投标限价

B. 投标报价应当依据工程量清单、工程计价有关规定、行业定额和市场价格信息等编制

C. 投标报价低于工程成本或者高于最高投标限价总价的,评标委员会应当否决投标人的投标

D. 对是否低于工程成本报价的异议,评标委员会可以参照国务院住房和城乡建设主管部门及省、自治区、直辖市人民政府住房和城乡建设主管部门发布的有关规定进行评审

2. 多选题(多选、错选不得分)

(1)投标人必须按工程量清单填报价格,项目编码、项目名称、(　　)必须与招标工程量清单一致。

A. 项目特征　　B. 计量单位　　C. 工程内容　　D. 工程量

(2)投标报价应根据(　　)等依据编制和复核。

A. 投标人的施工组织设计

B. 建设工程工程量清单计价规范

C. 主管部门核定的管理费率和利润率

D. 企业定额或有关部门颁布的计价定额

(3)总价措施项目和单价措施项目计算的方法不同,体现在(　　)。

A. 总价措施项目按综合单价计算

B. 总价措施项目按费率计算

C. 单价措施项目按费率计算

D. 单价措施项目按综合单价计算

(4)投标报价中的其他项目,(　　)直接按清单中列出的金额填写,(　　)需要投标人进行计算,(　　)计入其他项目费。

A. 材料暂估价　　B. 暂列金额　　C. 专业工程暂估价　　D. 计日工

E. 总承包服务费

(5)投标人计算计日工金额,应按招标工程量清单中列出的计日工(　　),自主确定综合单价来进行计算。

A. 人工费　　B. 数量　　C. 单价　　D. 项目

(6)措施项目的内容应根据(　　)确定。

A. 投标人拟定的施工方案　　B. 投标人拟定的施工组织设计

C. 招标人拟定的施工方案　　D. 招标人提供的措施项目清单

(7)其他项目中的(　　)必须按照暂估单价计入综合单价。

A. 设备暂估价　　B. 专业工程暂估价

C. 计日工　　D. 材料暂估价

(8)投标总价应当与(　　)的合计金额一致。

A. 措施项目费　　B. 其他项目费　　C. 分部分项工程费　　D. 规费、税金

E. 综合单价费

3. **判断题(正确的打"√",错误的打"×")**

(1)投标价由投标人自主确定,是否采用低于成本的价格由投标人根据本企业的实际情况和投标策略来确定。 (　　)

(2)投标人的投标报价高于招标控制价的应予废标。 (　　)

(3)招标文件中应包括风险的因素,但不需具体明确应由投标人承担的风险范围及其费用。 (　　)

(4)安全文明施工费由投标人自主确定和计算。 (　　)

(5)总价措施项目和单价措施项目名称不同,但是都应描述项目特征。 (　　)

(6)投标报价中的规费和税金,可以由投标人自主确定和计算。 (　　)

(7)在评标过程中,评标委员会发现投标人的报价明显低于其他投标报价,其投标应作废标处理。 (　　)

(8)清单计价规范是全国统一的,所以每项费用的计算方法各地方应该是一致的。 (　　)

(9)若招标文件中没有明确风险范围及其费用,则投标人应考虑所有的风险费用。 (　　)

(10)工程造价咨询人可以就同一工程接受招投标双方委托,分别编制招标控制价和投标报价。 (　　)

4. **思考题**

(1)投标报价的编制程序是怎样的?

(2)试着了解其他一到两个省市的费用计算文件,与本地区的费用计算方法进行分析比较。

(3)编制招标控制价与编制投标报价有什么相同之处和不同之处?为什么会有这些不同?

(4)投标报价的自主报价体现在哪些方面?

5. **操作题**

【练习 1】 确定综合单价。

(1)已知某教学楼工程的独立基础清单见表 4.1。

表 4.1　分部分项工程量清单

序号	项目编码	项目名称	项目特征	单位	工程量
1	010501003001	独立基础	1. 混凝土种类:商品混凝土 2. 混凝土强度等级:C25	m^3	169.37

(2)甲企业经营部门认真分析了招标文件、竞争形势、企业经营管理现状、市场资源价格等情况后对投标报价提出以下措施:

①没有本企业定额,采用本省颁布的最新的计价定额,按照其消耗量标准进行投标报价;

②目前主管部门发布的人工费调整系数还是略偏低,人工费在调整系数的基础上再加5%,见表 4.2;

③根据企业掌握的材料价格报价(见表4.3),材料消耗量按照计价定额确定,不予调整;

④机械费按照计价定额确定,不予调整;

⑤企业管理费和利润,在定额基础上(或当地规定的费率)适当降低,乘以系数0.85;

⑥其他条件(自行补充)。

上述措施已经企业主管领导同意。

表4.2 甲企业掌握的每工日劳务价格 单位:元

地区	建筑普工/工日	混凝土技工/工日	土建技工/工日
造价信息	71	89	95
甲企业掌握的市场价	75	90	120

表4.3 甲企业掌握的材料价格(节选)

年 月

材料名称	型号规格	单位	造价信息价格/元	企业掌握的市场价格/元 已经考虑一定范围的价格波动风险
普通商品混凝土	C25	m^3	315	310
水		m^3		3.00

(3)乙企业经营部门认真分析了招标文件、竞争形势、企业经营管理现状、市场资源价格等情况后,作出了尽量降低报价,力争夺标的决策,对投标报价提出以下措施:

①没有本企业定额,采用本省颁布的最新的计价定额,降低其损耗量,损耗量按定额损耗量乘以系数0.8考虑;

②目前政府发布的人工费调整系数还是略偏低,但研究决定人工费采取政府发布的调整系数不调整,见表4.4;

③根据企业掌握的材料价格报价(见表4.5);

④机械费参照计价定额,乘以系数0.9;

⑤企业管理费和利润,在定额基础上(或当地规定的费率)适当降低,乘以系数0.50;

⑥其他条件(自行补充)。

上述措施已经企业主管领导同意。

表4.4 每工日劳务价格 单位:元

地区	建筑普工/工日	混凝土技工/工日	土建技工/工日
造价信息	71	89	95
乙企业掌握的市场价	75	90	115

表 4.5　投标企业掌握的材料价格(节选)

年　月

材料名称	型号规格	单位	造价信息价格/元	企业掌握的市场价格/元 已经考虑一定范围的价格波动风险
普通商品混凝土	C25	m^3	315	312
水		m^3		3.00

(4)要求：

①分别站在甲企业和乙企业角度计算该独立基础的综合单价；

②对两个企业就该项目的综合单价进行对比分析，总结投标报价的特点。

【练习 2】　措施项目费计算。

(1)请对表 3.5 中的总价措施项目报价。

(2)假设招标文件明确，投标报价，安全文明施工费统一按照 158 970.43 元为计算基础(或自行补充假设条件：　　　　　　　　　　　　　　　　　　　　　　　　　　　)。

(3)甲企业研究决定夜间施工费的计算费率为 1%，冬雨季施工费的计算费率为 1%，按照招标文件明确的定额人工费为计算基础。

(4)乙企业研究决定夜间施工费的计算费率为 0.8%，冬雨季施工费的计算费率为0.5%，按照招标文件明确的定额人工费为计算基础。

(5)其他条件(自行补充)。

(6)分别计算两个企业的总价措施项目报价(见表 4.6 和表 4.7)，并进行对比分析。

表 4.6　总价措施项目清单与计价表(甲企业)

工程名称:　　　　　　　　　　　　　　标段:　　　　　　　　　　　　　　第　页共　页

序号	项目编码	项目名称	计算基础	费率/%	金额/元	调整费率/%	调整后金额/元	备注
		安全文明施工						
		夜间施工						
		冬雨季施工						
合　计								

表 4.7　总价措施项目清单与计价表(乙企业)

工程名称:　　　　　　　　　　　　　　标段:　　　　　　　　　　　　　　第　页共　页

序号	项目编码	项目名称	计算基础	费率/%	金额/元	调整费率/%	调整后金额/元	备注
		安全文明施工						
		夜间施工						
		冬雨季施工						
合　计								

5 合同价款约定、调整及支付

【练习目标】

(1)熟悉合同价款约定的相关规定;

(2)熟悉合同价款调整的相关规定;

(3)熟悉合同价款支付的相关规定;

(4)掌握工程计量、合同价款期中支付、竣工结算与支付的相关规定;

(5)能依据规定对合同价款进行调整。

1. **单选题(选择最符合题意的答案)**

(1)依据《建筑工程施工发包与承包计价管理办法》,以下不适用于总价方式确定合同价款的建筑工程是(　　)。

A. 建设规模较小的建筑工程　　B. 技术难度较低的建筑工程

C. 工期较短的建筑工程　　D. 施工技术特别复杂的建筑工程

(2)依据《建筑工程施工发包与承包计价管理办法》,以下可以采用成本加酬金方式确定合同价款的建筑工程是(　　)。

A. 紧急抢险、救灾的建筑工程　　B. 施工技术相对复杂的建筑工程

C. 建设规模较小的建筑工程　　D. 工期较短的建筑工程

(3)因承包人造成的超出合同工程范围施工或返工的工程量,发包人(　　)。

A. 不予计量　　B. 按实际完成量计量

C. 按完成的合格数量计量　　D. 按完成的一半计量

(4)采用经审定批准的施工图纸及其预算方式发包形成的总价合同,最终结算的工程量是(　　)。

A. 承包人实际完成的工程量

B. 总价合同中约定的工程量以及工程变更增减的工程量

C. 承包人实际完成的合格工程量

D. 承包人按合同内容完成的工程量

(5)某工程招标控制价为 9 398 533 元,中标人的投标报价为 8 834 783 元,承包人报价浮动率为(　　)。

A. 5.48%　　B. 5.79%　　C. 6.0%　　D. 6.62%

(6)以下对项目特征的描述,说法不正确的是(　　)。

A. 发包人在招标工程量清单中对项目特征的描述应被认为是准确和全面的

B. 发包人在招标工程量清单中对项目特征的描述应被认为是与实际施工要求相符合的

C. 发包人在招标工程量清单中对项目特征的描述可不被认为是与实际施工要求相符合的

D. 项目特征是构成清单项目价值的本质特征，单价高低与其具有必然联系

(7)某工程由于设计变更导致混凝土项目实际工程量比招标工程量减少了16%，结算时该分项工程的综合单价应(　　)。

A. 增加　　B. 减少　　C. 不变　　D. 不能确定

(8)当计日工持续进行时，承包人应在该项目工作实施结束后(　　)内向发包人提交有计日工记录汇总的现场签证报告。

A. 7小时　　B. 24小时　　C. 两个工作日　　D. 1周

(9)当没有约定时，材料、工程设备单价变化超过(　　)时，超过部分的价格应该调整。

A. 5%　　B. 10%　　C. 15%　　D. 20%

(10)不可抗力解除后复工，发包人要求赶工的，赶工费应由(　　)承担。

A. 发包人　　B. 承包人　　C. 监理单位　　D. 施工单位

(11)承包人应在发出索赔意向通知书后(　　)内，向发包人正式提交索赔通知书。

A. 24小时　　B. 7天　　C. 24天　　D. 28天

(12)当索赔事件具有连续影响的，承包人应在索赔事件影响结束后(　　)内，向发包人提交最终索赔通知书。

A. 24小时　　B. 7天　　C. 24天　　D. 28天

(13)发包人应在收到索赔通知书(　　)内答复索赔处理结果。

A. 24小时　　B. 7天　　C. 24天　　D. 28天

(14)承包人应在收到发包人指令后的(　　)内向发包人提交现场签证报告。

A. 24小时　　B. 7天　　C. 24天　　D. 28天

(15)包工包料工程的预付款支付比例不得低于(　　)。

A. 签约合同价(扣除暂列金额)的10%

B. 签约合同价(不扣除暂列金额)的10%

C. 签约合同价(扣除暂列金额)的15%

D. 签约合同价(不扣除暂列金额)的15%

(16)发包人应在签发支付申请的(　　)内支付预付款。

A. 24小时　　B. 7天　　C. 24天　　D. 28天

(17)发包人未按时付款的，承包人可在付款期满后的第(　　)起暂时停工。

A. 24小时　　B. 7天　　C. 8天　　D. 9天

(18)承包人应在计量周期到期后的(　　)内向发包人提交进度款支付申请。

A. 24小时　　B. 7天　　C. 8天　　D. 9天

(19)发包人应在签发进度款支付证书后的(　　)内支付进度款。

A. 24小时　　B. 7天　　C. 14天　　D. 28天

(20)某工程发包人签发的进度款支付证书日期为2月1日，发包人一直未支付进度款，承包人可在(　　)起暂停施工。

A. 2月14日　　B. 2月15日　　C. 2月22日　　D. 2月23日

(21)全额使用国有资金的项目,应按工程价款结算总额的(　　)左右的比例预留保证金。

A. 5%　　B. 10%　　C. 15%　　D. 20%

(22)工程缺陷属于发包人原因造成的,应由(　　)承担查验和缺陷修复的费用。

A. 发包人　　B. 承包人　　C. 监理单位　　D. 咨询单位

(23)发包人应在收到最终结清支付申请后的(　　)内予以核实。

A. 24 小时　　B. 7 天　　C. 14 天　　D. 28 天

(24)发包人未按期最终结清支付的,承包人有权获得(　　)。

A. 延期支付的管理费　　B. 延期支付的利息

C. 延期误工费　　D. 延期支付的风险费

2. 多选题(多选、错选不得分)

(1)依据《建筑工程施工发包与承包计价管理办法》,合同价款的有关事项由发承包双方约定,一般包括(　　)。

A. 合同价款约定方式　　B. 预付工程款支付和结算方式

C. 合同价款的调整情形　　D. 工程进度款支付和结算方式

E. 工程竣工价款的支付和结算方式

(2)计量周期应在合同中约定,工程计量周期可为(　　)。

A. 月　　B. 年　　C. 季度　　D. 工程形象进度

(3)以下对招标工程量清单中所列工程量的描述,正确的是(　　)。

A. 各投标人进行投标报价的基础

B. 各个投标报价进行评审的平台

C. 招标人根据拟建工程设计文件预计的工程量

D. 承包人在履行合同义务中应予完成,是实际和准确的工程量

(4)以下对现场计量的描述,正确的是(　　)。

A. 发包人认为需要进行现场核实时,应在计量前 24 小时通知承包人

B. 当双方均同意核实结果时,发包人应在核实记录上签字确认

C. 承包人收到通知后不派人参加计量,视为认可发包人的计量核实结果

D. 发包人不按约定时间通知承包人,致使承包人未能派人参加计量,计量核实结果无效

(5)在基准日之后国家法律、法规、规章和政策发生变化影响工程造价的,合同价款调整的依据是(　　)。

A. 省级建设主管部门发布的规定

B. 行业建设主管部门发布的规定

C. 省或行业主管部门授权的工程造价管理机构发布的规定

D. 招标人在招标文件中的约定

(6)因工程变更需直接采用已标价清单中有的项目单价的前提是(　　)。

A. 其采用的材料、施工工艺和方法相同

B. 其采用的材料、施工工艺和方法相似

C. 不增加关键线路上工程的施工时间

D. 工程量偏差超过 15%

(7)变更时发生了计日工,承包人应按合同约定向发包人提供(　　)。
A. 工作名称、内容和数量
B. 投入该工作所有人员的姓名、工种、级别和耗用工时
C. 投入该工作的施工设备型号、台数和耗用台时
D. 投入该工作的材料名称、台数和耗用台时
E. 施工合同
F. 发包人要求提交的其他资料和凭证
(8)因不可抗力发生时,应由发包人承担的费用是(　　)。
A. 承包人人员伤亡　　B. 承包人的施工机械设备损坏
C. 停工损失　　D. 工程修复
E. 在途材料　　F. 到场待安装设备
(9)承包人要求索赔时,可供选择的赔偿方式是(　　)。
A. 延长工期　　B. 要求发包人支付实际发生的额外费用
C. 要求发包人支付合理的预期利润　　D. 要求发包人按合同的约定支付违约金
(10)发包人要求索赔时,可供选择的赔偿方式是(　　)。
A. 延长缺陷修复期限　　B. 要求承包人支付实际发生的额外费用
C. 要求承包人按合同的约定支付违约金　　D. 要求承包人支付发包人预期利润
(11)以下对安全文明施工费支付描述错误的是(　　)。
A. 发包人应在开工前的 28 天内支付
B. 预付金额不低于安全文明施工费总额的 60%
C. 预付金额应分年度在每年年初预付
D. 其余部分与进度款同期支付
(12)承包人提交的进度款支付申请应包括(　　)。
A. 累计已完成的合同价款　　B. 累计已实际支付的合同价款
C. 本周期合计完成的合同价款　　D. 本周起合计应扣减的金额
E. 本周起实际应支付的合同价款
(13)工程结算应由(　　)编制。
A. 承包人
B. 受承包人委托具有相应资质的工程造价咨询人
C. 发包人
D. 监理单位
(14)工程结算编制和复核的依据是(　　)。
A.《建设工程工程量清单计价规范》及各专业工程量计算规范
B. 工程合同　　C. 招标文件
D. 投标文件　　E. 已结算的合同价款
F. 已确认追加的合同价款
(15)竣工结算款支付申请包括以下内容(　　)。
A. 竣工结算合同价款总额　　B. 累计已实际支付的合同价款
C. 应预留的质量保证金　　D. 实际应支付的竣工结算款金额

（16）由于不可抗力致使合同无法履行，解除合同的，发包人应支付（　　）。

A. 已完成但尚未支付的合同价款

B. 已实施或部分实施的措施项目应付价款

C. 承包人为合同工程合理订购且已交付的材料和工程价款

D. 承包人撤离现场所需的合理费用

E. 承包人为完成合同工程而预期开支的合理费用，且该项费用未包括在其他支付款项内

3. 判断题（正确的打"√"，错误的打"×"）

（1）进度款支付周期应与合同约定的工程计量周期一致。（　　）

（2）发承包双方对合同价款调整的不同意见不能达成一致的，如不产生实质影响，双方应继续履行合同义务。（　　）

（3）出现合同价款增（减）事项后的7天内，承包人（发包人）应提交报告和相关资料。（　　）

（4）招标工程以合同签订前28天、非招标工程以投标截止日前28天为基准日。（　　）

（5）承包人由于质量问题返工导致工期超过原合同中约定的工期的，按不利于承包人的原则调整合同价款。（　　）

（6）发包人删减了合同中的工作，使承包人发生的费用不能包含在其他已支付的项目中，承包人无权提出费用及利润补偿。（　　）

（7）当设计变更与工程量清单项目特征描述不一致时，应按设计变更内容重新确定综合单价。（　　）

（8）招标工程量清单中措施项目缺项，承包人应将新增措施方案提交发包人批准后调整合同价款。（　　）

（9）最终完成的工程量与招标工程量清单中列出的工程量不同时，综合单价不得调整。（　　）

（10）招标工程量清单中给定暂估价的材料和工程设备都是属于依法必须招标的范围。（　　）

（11）因不可抗力，已运至施工现场材料损失应由承包人承担。（　　）

（12）已签约合同价中的暂列金额可由承包人掌握使用。（　　）

（13）包工包料工程的预付款支付比例不得高于签约合同价的30%（　　）

（14）发包人未在规定期限内预付安全文明施工费的，若发生事故，发包人应承担相应责任。（　　）

（15）发包人未在规定期限内支付进度款致使停工的，应向承包人支付合理利润。（　　）

（16）工程结算办理完毕，承包人应将竣工结算文件报送工程所在地的工程造价管理机构备案。（　　）

（17）发承包双方在施工过程中办理的结算直接进入竣工结算。（　　）

（18）发包人应在收到承包人提交的竣工结算文件后的28天内核对。（　　）

（19）发包人应在签发竣工结算支付证书的7天内支付结算款。（　　）

（20）因承包人违约解除合同的，发包人应暂停向承包人支付任何价款。（　　）

4. 思考题

（1）索赔的处理程序和索赔证据有哪些？

(2)合同价款调整的事项包括哪些?

(3)预付款、进度款、竣工结算款包括的内容以及申请支付的程序是什么?

5. 操作题

【练习1】 某工程投标报价中分部分项工程费为18 576 974元,在施工工程中由于业主原因产生设计变更,招标工程量清单中C30混凝土有梁板的工程量为730 m^3,花岗石地面的工程量为2 109 m^2,实际结算有梁板的工程量为910 m^3,花岗石地面的工程量为1 650 m^2。C30混凝土有梁板在招标控制价中的综合单价为330元/m^3,投标报价中的综合单价为325元/m^3;花岗石地面在招标控制价中的综合单价为125元/m^2,投标报价中的综合单价为68元/m^2。

在结算过程中双方约定,当实际工程量增加超过招标工程量的15%时,结算时综合单价按投标报价下调5%计算;当实际工程量减少,超过招标工程量的15%时,结算时综合单价按投标报价上浮5%计算。

问题:计算结算时的分部分项工程费。

【练习2】 某工程投标报价中分部分项工程费为13 451 536元,由于招标工程量清单编制错误产生工程量偏差,招标工程量清单中C25混凝土有梁板的工程量为670 m^3,实际结算有梁板的工程量为790 m^3。C25混凝土有梁板在招标控制价中的综合单价为370元/m^3,在投标报价中的综合单价为320元/m^3;该项目投标价下浮率为5%。

施工合同规定:当实际工程量与招标工程量的偏差超过15%时,综合单价应予以调整。

当工程量偏差项目出现承包人在工程量清单中填报的综合单价与发包人招标控制价相应清单项目的综合单价偏差超过15%时,工程量偏差项目综合单价的调整方法为:

承包人在工程量清单中填报的综合单价大于招标控制价(应考虑投报价的下浮率)的85%时,按较高的单价调整,即

投标报价 < 招标控制价 × (1 - 投标价浮动率) × (1 - 15%)时,

综合单价 = 招标控制价 × (1 - 投标价浮动率) × (1 - 15%)

问题:计算结算时的分部分项工程费。

6 工程造价其他管理规定

【练习目标】

(1)熟悉工程造价鉴定工作相关规定;

(2)掌握工程计价资料与档案的相关规定;

(3)掌握合同价款争议解决的处理途径;

(4)熟悉工程造价其他法律规定。

1. 不定项选择题(选择符合题意的答案)

(1)发承包双方在收到总监理工程师的争议暂定结果通知后的(　　)内予以确认。

A. 24 小时　　B. 7 天　　C. 14 天　　D. 28 天

(2)合同争议发生后,发承包双方可就工程计价依据的争议提请(　　)进行解释或认定。

A. 法院　　B. 仲裁机构

C. 工程造价管理机构　　D. 行业专家

(3)以下对争议的调解说法,正确的是(　　)。

A. 调解人可在收到调解委托后 28 天内提出调解书

B. 发承包双方接受调解书的,经双方签字后作为合同的补充文件

C. 调解书经双方确认签字后,对双方均有约束力

D. 发承包双方发生争议时,必须由双方共同以书面形式提交调解人

(4)以下对仲裁的描述,正确的是(　　)。

A. 仲裁必须在竣工之后进行

B. 发包人、承包人、调解人各自的义务不得因在工程实施期间进行仲裁而改变

C. 承包人停工对合同工程采取保护措施的费用应由发包人承担

D. 和解不成又没达成仲裁协议的,可依法提起诉讼

(5)工程造价鉴定应委托(　　)进行。

A. 有相应资质的工程造价咨询人　　B. 法院

C. 行业专家　　D. 工程造价管理机构

(6)工程造价咨询人收集鉴定依据时,应鉴定委托人提出具体书面要求的内容,包括(　　)。

A. 与鉴定项目相关的合同、协议及其附件

B. 相应的施工图纸等技术经济条件

C. 施工过程中的施工组织、质量、工期和造价等工程资料

D. 存在争议的事实及各方当事人的理由

E. 项目可行性研究报告

(7)工程造价鉴定书包括(　　)。

A. 鉴定项目委托人名称、委托鉴定的内容

B. 委托鉴定的证据材料

C. 鉴定的依据及使用的专业技术手段

D. 对鉴定过程的说明

E. 明确的鉴定结论

F. 其他需说明的事宜

G. 工程造价咨询人盖章及注册造价工程师签名盖执业专用章

(8)工程造价咨询人归档的计价文件,保存期不宜少于(　　)。

A. 1 年　　B. 2 年　　C. 5 年　　D. 10 年

(9)归档的工程计价成果文件应包括(　　)。

A. 纸质原件　　B. 复印件　　C. 电子文档　　D. 影像资料

(10)归档工作可(　　)进行

A. 分阶段　　B. 在项目竣工结算完成后

C. 结算款支付完毕后　　D. 缺陷责任期满后

(11)依据《建设工程价款结算暂行办法》,建设工程价款结算是指(　　)。

A. 对建设工程的发承包合同价款进行约定

B. 依据合同约定进行工程预付款的活动

C. 依据合同约定进行工程进度款的活动

D. 依据合同约定进行工程竣工价款结算的活动

(12)依据《最高人民法院关于审理建设工程施工合同纠纷案件适用法律问题的解释》,建设工程施工合同无效,且建设工程经竣工验收不合格的,按照以下情形分别处理(　　)。

A. 修复后的建设工程经竣工验收合格,发包人请求承包人承担修复费用的,应予支持

B. 修复后的建设工程经竣工验收不合格,承包人请求支付工程价款的,不予支持

C. 因建设工程不合格造成的损失,发包人有过错的,也应承担相应的民事责任

D. 因建设工程不合格造成的损失,发包人有过错的,不应承担相应的民事责任

(13)依据《最高人民法院关于审理建设工程施工合同纠纷案件适用法律问题的解释》,以下对垫资及利息等相关描述正确的是(　　)。

A. 当事人对垫资和垫资利息有约定,承包人请求按照约定返还垫资及其利息的,应予支持

B. 约定的利息计算标准高于中国人民银行发布的同期同类贷款利率的部分,应予支持

C. 当事人对垫资没有约定的,按照工程欠款处理

D. 当事人对垫资利息没有约定,承包人请求支付利息的,不予支持

(14)依据《最高人民法院关于审理建设工程施工合同纠纷案件适用法律问题的解释》,承包人具有下列情形之一,发包人请求解除建设工程施工合同的,应予支持的情况有(　　)。

A. 明确表示或者以行为表明不履行合同主要义务的

B. 合同约定的期限内没有完工,且在发包人催告的合理期限内仍未完工的

C. 已经完成的建设工程质量不合格,并拒绝修复的

D. 将承包的建设工程非法转包、违法分包的

2. 判断题(正确的打"√",错误的打"×")

(1)发承包双方将发生的争议提交总监理工程师后,总监理工程师应在14天内将暂定结果通知发承包双方。 ( )

(2)工程造价管理机构应在收到争议问题认定申请的10日内进行认定。 ( )

(3)在合同履行期间,发承包双方不可调换调解人。 ( )

(4)发承包双方的协商、和解或调解未达成一致意见的可申请仲裁。 ( )

(5)专业对口、经验丰富的注册造价人员可承担工程造价司法鉴定工作。 ( )

(6)工程造价咨询人不能出庭接受鉴定项目当事人对司法鉴定意见的质询。 ( )

(7)工程造价咨询人在鉴定过程中要求鉴定项目当事人对缺陷资料进行补充的,应征得鉴定项目委托人同意。 ( )

(8)鉴定工作需要现场勘验的,各方当事人必须到场。( )

(9)发承包双方对与工程有关事项进行商定的可采用书面或口头指令作为计价凭证。 ( )

(10)档案移交时,应编制移交清单,双方应签字、盖章后方可交接。 ( )

(11)依据《建筑工程施工发包与承包计价管理办法》,竣工结算文件应当由发包方报工程所在地县级以上地方人民政府住房和城乡建设主管部门备案。 ( )

(12)依据《建设工程价款结算暂行办法》,包工包料工程的预付款按合同约定拨付,原则上预付比例不低于合同金额的10%,不高于合同金额的30%,对重大工程项目,按年度工程计划逐年预付。 ( )

(13)依据《建设工程价款结算暂行办法》,单位工程竣工结算由承包人编制,发包人审查;实行总承包的工程,由具体承包人编制,在总包人审查的基础上,发包人审查。 ( )

(14)依据《建设工程价款结算暂行办法》,单项工程竣工结算或建设项目竣工总结算由总(承)包人编制,发包人可直接进行审查,也可以委托具有相应资质的工程造价咨询机构进行审查。 ( )

(15)依据《建设工程价款结算暂行办法》,政府投资项目,单项工程竣工结算或建设项目竣工总结算由上级财政部门审查。 ( )

(16)依据《最高人民法院关于审理建设工程施工合同纠纷案件适用法律问题的解释》,建设工程施工合同无效,但建设工程经竣工验收合格,承包人请求参照合同约定支付工程价款的,应予支持。 ( )

3. 其他练习建议

(1)收集本省(直辖市)工程造价的地方规定并自学。

(2)主动参加工程实习,了解建筑市场和工程现场。

附录　工程施工图纸

附录1　图纸使用建议

为了满足练习者连贯编制招标工程量清单和确定招标控制价，提高其计量与计价能力，培养发现问题、解决问题的能力，在此选取了两套具有代表性的实际工程施工图纸，一套为单层框架，一套为小高层框剪结构。

练习过程中可能出现各种问题，建议练习者进行角色扮演，处理相关问题：

(1)图纸有误、有漏的内容，建议练习者模拟设计单位，提出合理的处理方式，填入“________工程图纸补充通知”。

(2)需要由施工方案明确的内容，建议练习者模拟工程技术人员，根据相关规范及工程实际情况，选择常规的施工方案，据此编制招标工程量清单和确定招标控制价，并将这些内容填入“________工程常规施工方案假设”。

(3)需要由招标人确定的内容，建议练习者模拟招标人员，根据工程特点在招标文件中明确相关内容，据此编制招标工程量清单和确定招标控制价，并将这些内容填入“________工程招标文件(摘录)”。

附录2　某应急中心烟热训练室施工图

设计说明

一、设计依据

1.《民用建筑设计通则》(GB 50352—2005);

2.《建筑设计防火规范》(GB 50016—2006)。

二、工程概况

本工程为应急中心的烟热训练室,建筑面积69.84 m^2,建筑高度6.45 m,设计使用年限50年,基础底标高为 $H_0 = -1.800$ m。

建筑耐火等级二级,抗震烈度为7度设防,屋面防水等级为Ⅲ级。

三、相对标高

本设计相对标高±0.000,比室外自然地面高450 mm。

四、建筑材料

墙体为200 mm厚空心页岩砖,M5混合砂浆砌筑。其他主体材料见结构施工图。

屋面为不上人保温隔热屋面。

五、门窗工程

本工程的门均为成品铝合金80系列,窗为成品铝合金60系列,均居墙中安装。

六、砌体钢筋加固

框架柱、框架梁与砌体交接处设置200 mm的镀锌钢丝网加固,具体做法见图集。

七、本工程的装饰装修及屋面做法(详见表)

装饰装修及屋面做法

序号	工程部位	做　法
1	地面	1. 10 mm 普通地砖水泥浆擦缝 2. 20 mm 厚1:2干硬性水泥砂浆粘合层,上洒2 mm厚干水泥并洒清水适量 3. 20 mm 厚1:3水泥砂浆找平层 4. 水泥浆水灰比0.5结合层一道
2	踢脚线	1. 普通水泥地砖面层,水泥浆擦缝 2. 4 mm 厚水泥浆粘结层(32.5水泥掺20%白乳胶) 3. 25 mm 厚1:2.5水泥砂浆基层
3	内墙面	1. 刷乳胶漆底漆一遍,面漆两遍 2. 满刮腻子两遍 3. 5 mm 厚1:0.3:2.5水泥石灰砂浆罩面压光 4. 7 mm 厚1:1:6水泥石灰砂浆垫层 5. 9 mm 厚1:1:6水泥石灰砂浆打底扫毛 6. 墙体基层

续表

序号	工程部位	做 法
4	天棚	1. 刷乳胶漆底漆一遍，面漆两遍 2. 满刮腻子两遍 3. 厚 1∶0.3∶3水泥石灰砂浆找平层 4. 10 mm 厚 1∶1∶4水泥石灰砂浆两次成活 5. 刷水泥浆一道(加建筑胶适量) 6. 基层清理
5	外墙保温(−0.450～女儿墙压顶)	1. 界面砂浆，计算厚度 1～2 mm，理论用量 1.5 kg/m^2 2. 中空玻化微珠保温砂浆 20 mm，理论用量 4.2 kg/m^2 3. 抗裂砂浆(2～4 mm) 4. 镀锌钢丝网(螺栓锚固于基层不少于 25 mm) 5. 抗裂砂浆(3～4 mm)
6	外墙面贴人造花岗石(−0.450～女儿墙压顶)	1. 13 mm 厚 1∶2水泥砂浆基层打底 2. 8 mm 厚 1∶1水泥砂浆粘贴 300 mm×600 mm×20 mm 的人造花岗石
7	女儿墙	内侧及顶面 20 mm 厚 1∶2水泥砂浆抹面
8	屋面	1. 20 mm 厚 1∶2水泥砂浆保护层，分格缝间距≤1.0 m 2. 1.5 mm 厚合成高分子卷材防水层一道，同材性胶粘剂两道 3. 现浇泡沫混凝土找坡层(最薄处 30 mm) 4. 钢筋混凝土屋面板表面清扫干净

八、其他说明

建筑结构须与电气照明，动力密切配合施工。

图中未尽事宜应遵守国家现行规范和规程。

________________工程

图纸补充通知

变更原因及内容：
设计单位(盖章)：　　　　　　　　建设单位(盖章)：
设计人员签字：　　　　　　　　　建设单位负责人签字：
年　月　日　　　　　　　　　　　年　月　日

说明：工作中关于图纸问题的处理一般以“图纸会审纪要”“技术核定单”等形式出现，这里为了教学需要设计为“图纸补充通知”的形式，仅作为学习使用。

________________工程

招标文件(摘录)

________________工程

常规施工方案假设

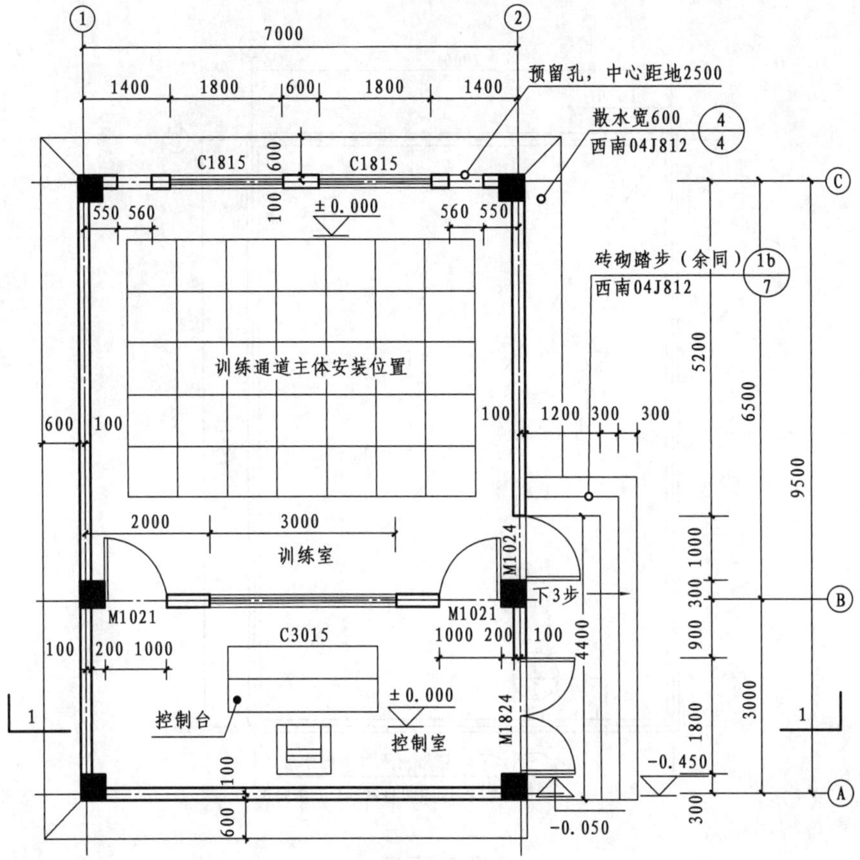

一层平面图 1:100

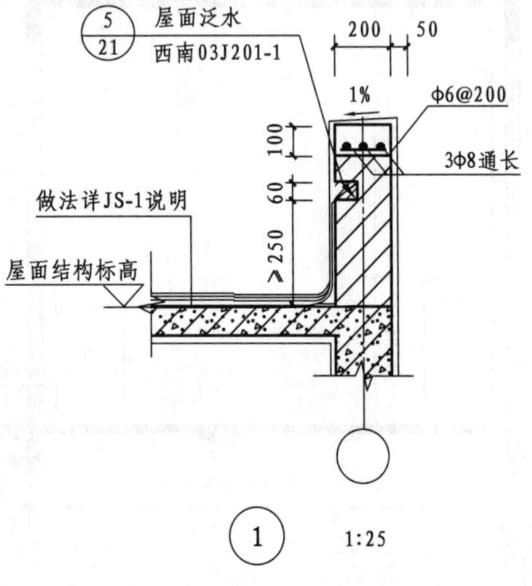

1 1:25

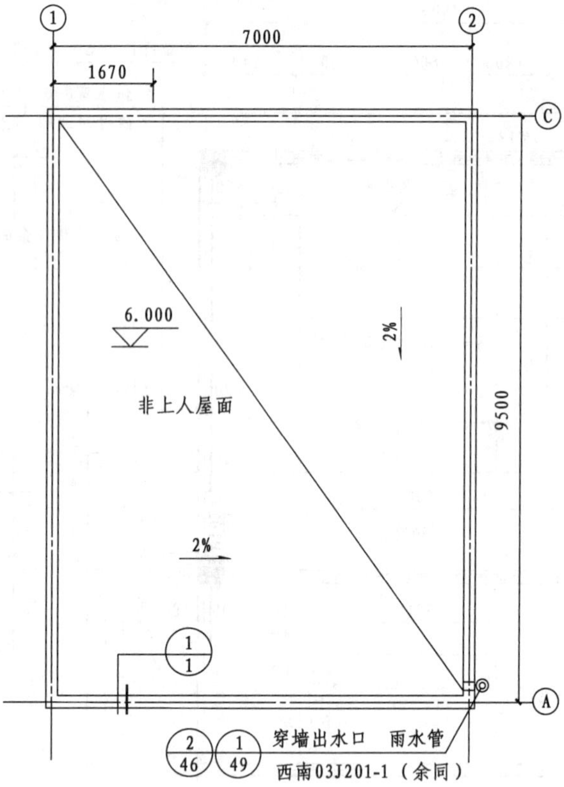

屋顶平面图 1:100

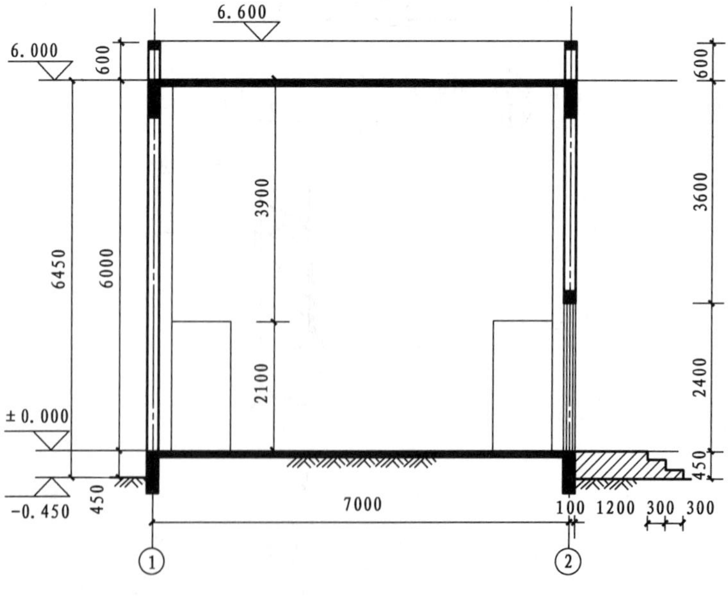

1—1剖面图 1:100

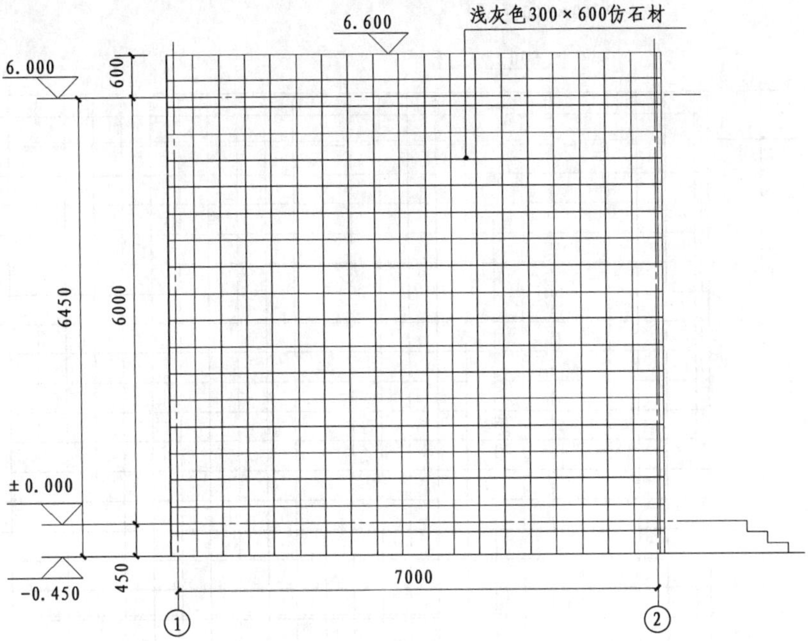

①—②立面图 1:100

②—①立面图 1:100

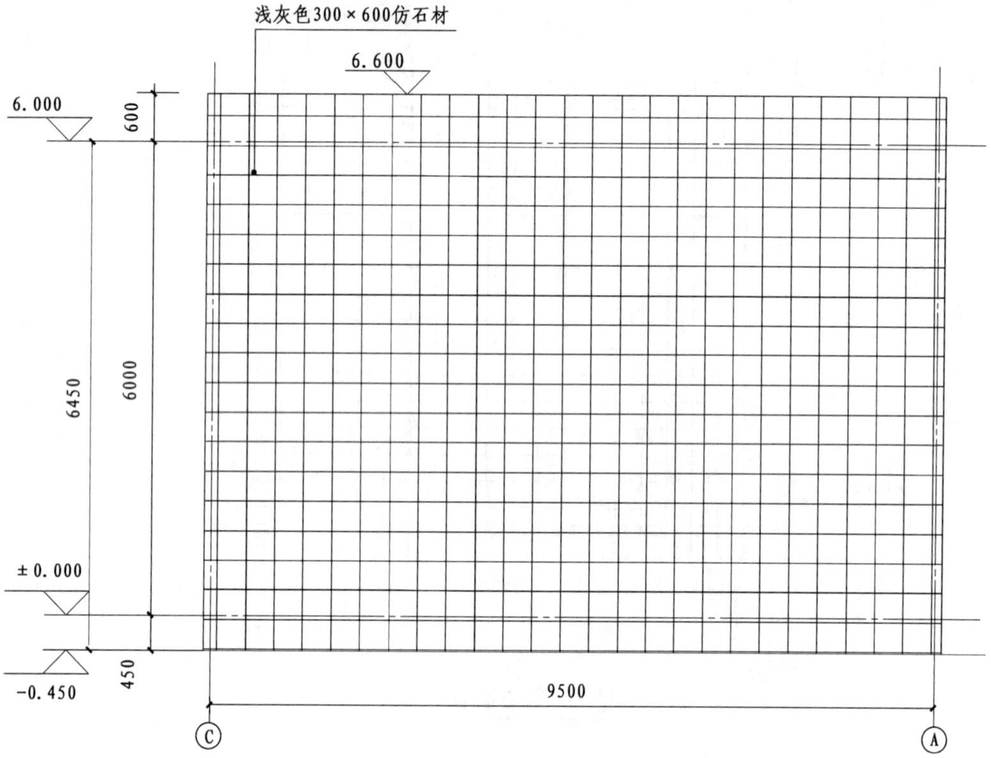

Ⓒ—Ⓐ立面图 1:100

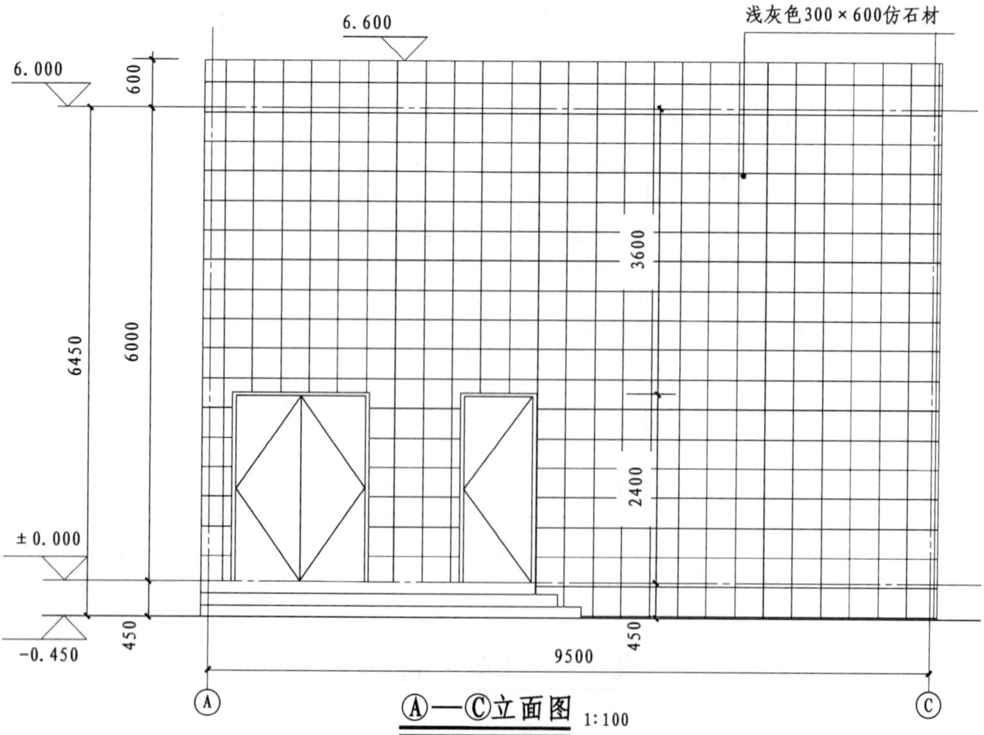

Ⓐ—Ⓒ立面图 1:100

结构总说明

1. 设计依据国家现行规范、规程及建设单位提出的要求。

2. 本工程标高以 m 为单位,其余尺寸以 mm 为单位。

3. 本工程为一层框架结构,使用年限为 50 年。

4. 该建筑抗震设防烈度为 7 度,场地类别Ⅱ类,设计基本地震加速度 0.10g。

5. 本工程结构安全等级为二级,耐火等级为二级,框架抗震等级为二级。

6. 建筑结构抗震重要性类别为重点设防类,抗震构造按 8 度设防。

7. 地基基础设计等级为丙级。

8. 本工程砌体施工等级为 B 级。

9. 本工程按照甲方提供的《××岩土工程勘察报告》进行基础设计,以粉质黏土层为持力层,特征值为 180 kPa,基础施工前应对本工程地基进行施工勘察,基槽开挖完成后须经建设、设计、施工单位验收合格后方能继续施工。

10. 在 -0.060 处设防潮层,用 1:2水泥砂浆掺 5% 水泥质量的防水剂,厚 20 mm。

11. 图纸和说明没有明确的混凝土构件均采用 C20。

12. 基础梁不支底模则设置 C10 混凝土垫层,厚 80 mm,每边宽出地梁 100 mm。

13. 混凝土最外层钢筋的保护层厚度:

板:15 mm;梁、柱:20 mm;基础:40 mm。

14. 钢筋:HPB300 级钢筋(Φ);HRB400(⊈);冷扎带肋钢筋 CRB550(Φ^R);钢筋强度标准值应具有不小于 95% 的保证率。

钢材除应具有抗拉强度、伸长率、屈服强度,碳、硫、磷含量的合格保证及冷弯试验的合格保证外,同时纵筋还应满足下述要求:

(1) 钢筋的抗拉强度实测值与屈服强度实测值的比值不应小于 1.25;

(2) 钢筋的屈服强度实测值与屈服强度标准值的比值不应大于 1.3;

(3) 钢筋在最大拉力下的总伸长率实测值不应小于 9%。

15. 外露的雨罩、挑檐、挑板、天沟应每隔 10~15 m 设一 10 mm 的缝,钢筋不断,缝用沥青麻丝塞填。

16. 基础回填土要求分层夯实,其回填土的压实系数不小于 0.94。

17. 未经技术鉴定或设计许可,不得更改结构的用途和使用环境。

18. 施工除应满足说明外,还应符合相关技术措施。

19. 选用规范:国家相应规范及技术措施。

20. 过梁高度按照图集中的一级荷载级别确定,预留洞设砖过梁。

采用的通用图集目录

序号	图集编号	图集名称
1	11G 101—1	混凝土结构施工图平面整体表
2	西南 G701 <四>	空心页岩砖填充墙构造图集
3	03G 322—1	钢筋混凝土过梁

非承重砌体材料用表

构件部位		砌块(砖)强度等级	砂浆强度等级
防潮层以上	外墙	200 mm 厚空心页岩砖	M5 混合砂浆砌块材料容重≤10 kN/m^3
	内墙	200 mm 厚空心页岩砖	M5 混合砂浆砌块材料容重≤10 kN/m^3
防潮层以下		实心页岩砖 (MU10)	M5 水泥砂浆砌块材料容重≤19 kN/m^3

注:填充墙及隔墙(断)的位置、厚度见建筑平面图。

21. 按照技术规范要求,砌体每隔 500 mm 设 2 根通长Φ6 的钢筋拉结。
22. 在 1.990 m 处设 C20 细石混凝土现浇带,配 2 Φ10 通长筋,拉筋 6 Φ@ 200。

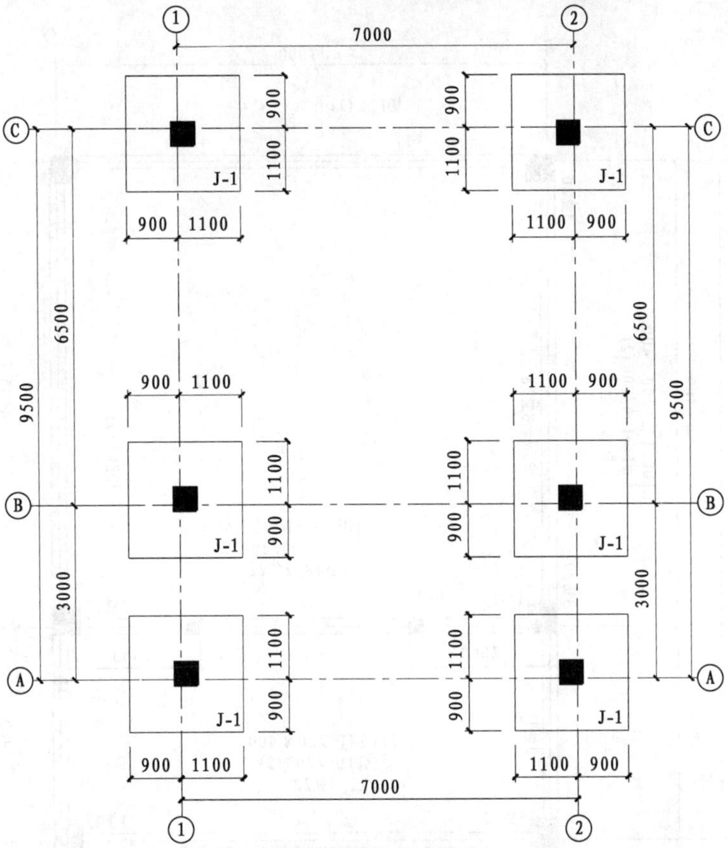

①
②
7000
900
1100
C
J-1
6500
9500
B
3000
A

基础平面布置图

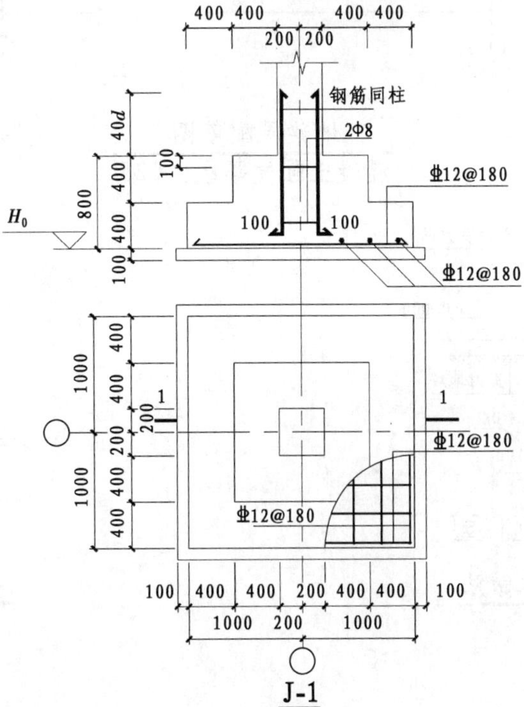

400 400 400 400
200 200
钢筋同柱
2Φ8
40d
100
400
800
H_0
⏀12@180
100
1000
200
1
100 400 400 200 400 400 100
1000 200 1000

J-1

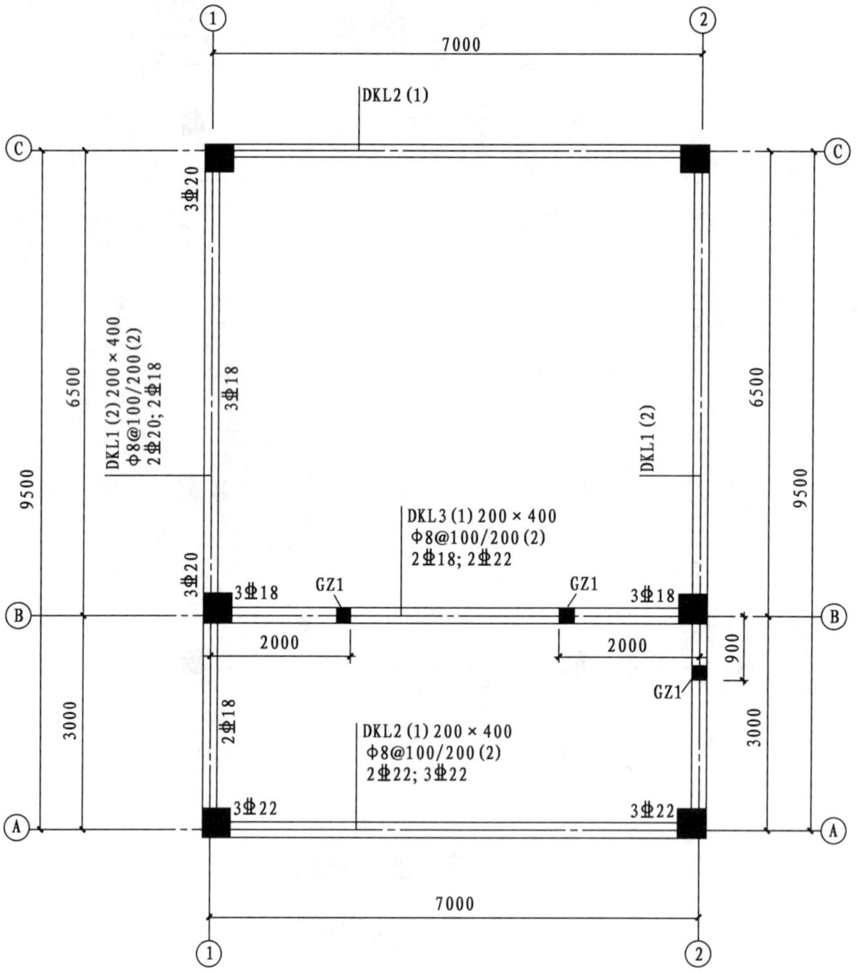

地梁层配筋图

混凝土强度等级：C25

−0.200 m

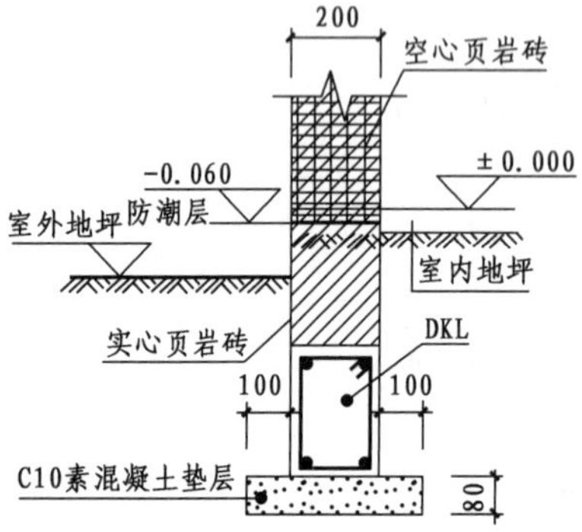

DKL上墙体做法

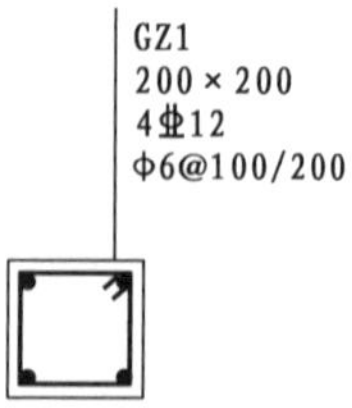

GZ1

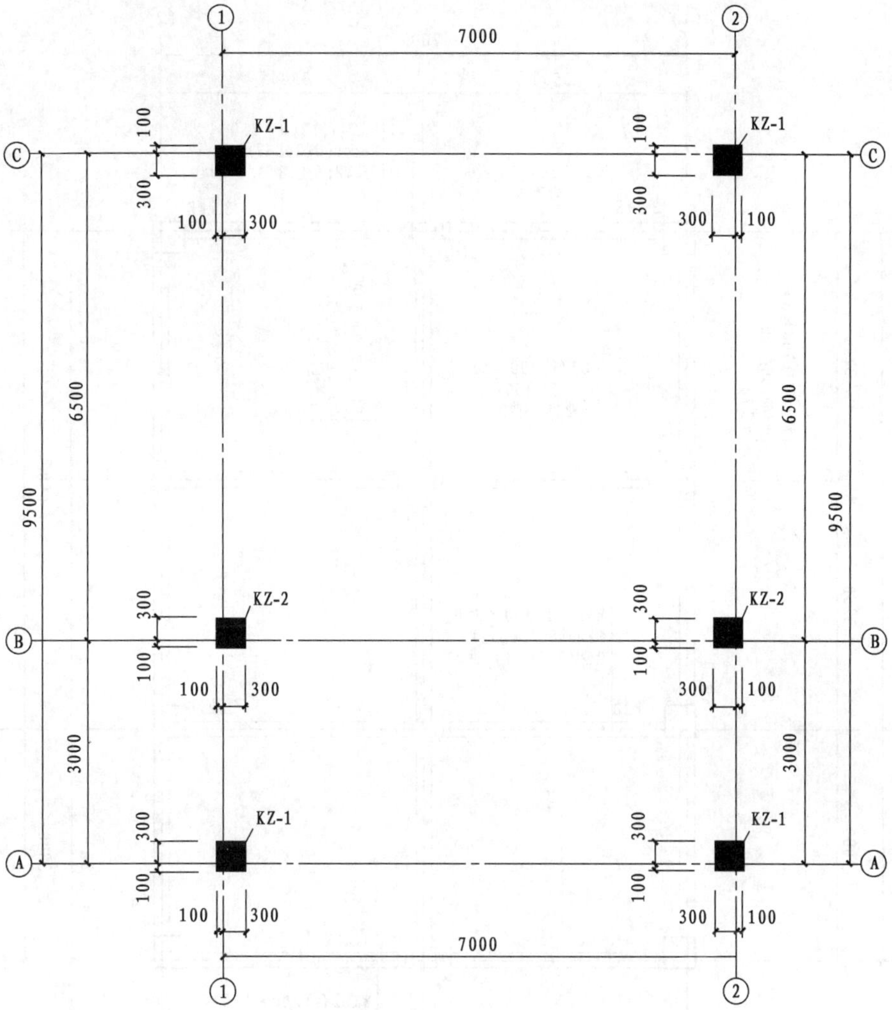

一层柱平法施工图

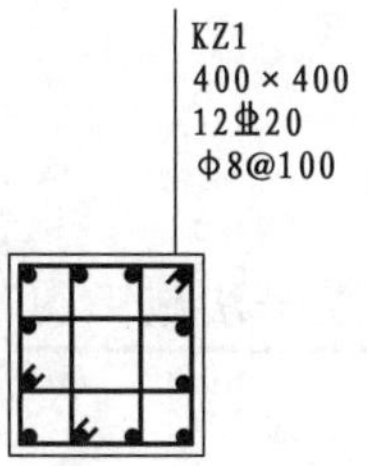

KZ1

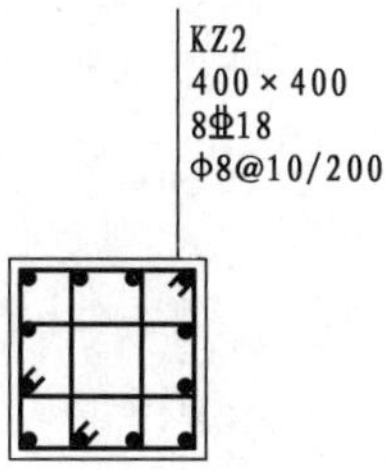

KZ2

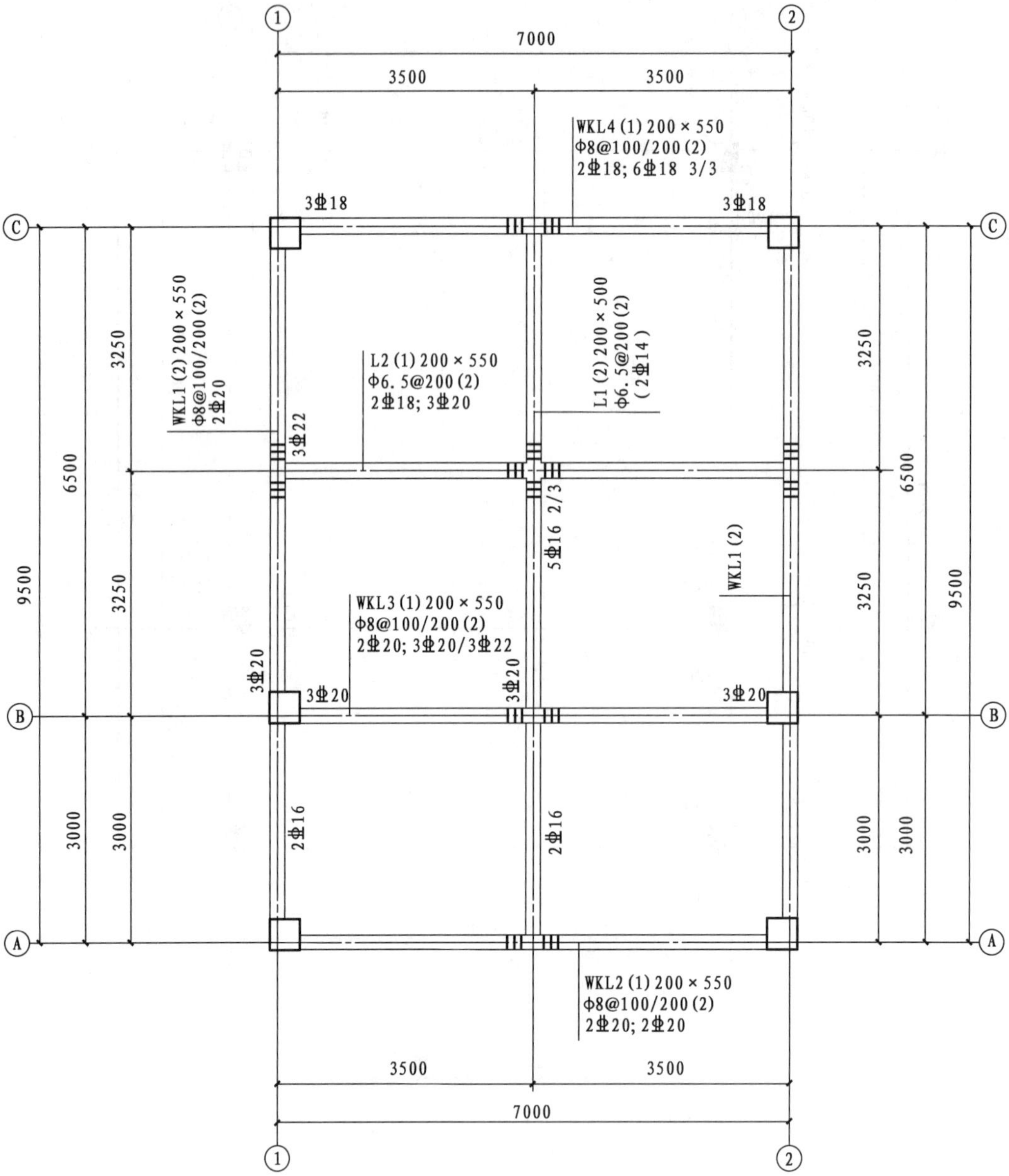
7000
3500
3500
WKL4(1) 200×550
Φ8@100/200(2)
2⌀18; 6⌀18 3/3
3⌀18
3⌀18
WKL1(2) 200×550
Φ8@100/200(2)
2⌀20
L2(1) 200×550
Φ6.5@200(2)
2⌀18; 3⌀20
L1(2) 200×500
Φ6.5@200(2)
(2⌀14)
3⌀22
5⌀16 2/3
WKL1(2)
WKL3(1) 200×550
Φ8@100/200(2)
2⌀20; 3⌀20/3⌀22
3⌀20
3⌀20
3⌀20
3⌀20
2⌀16
2⌀16
WKL2(1) 200×550
Φ8@100/200(2)
2⌀20; 2⌀20
3250
3250
6500
9500
3000
5.950 m

屋面梁平法施工图

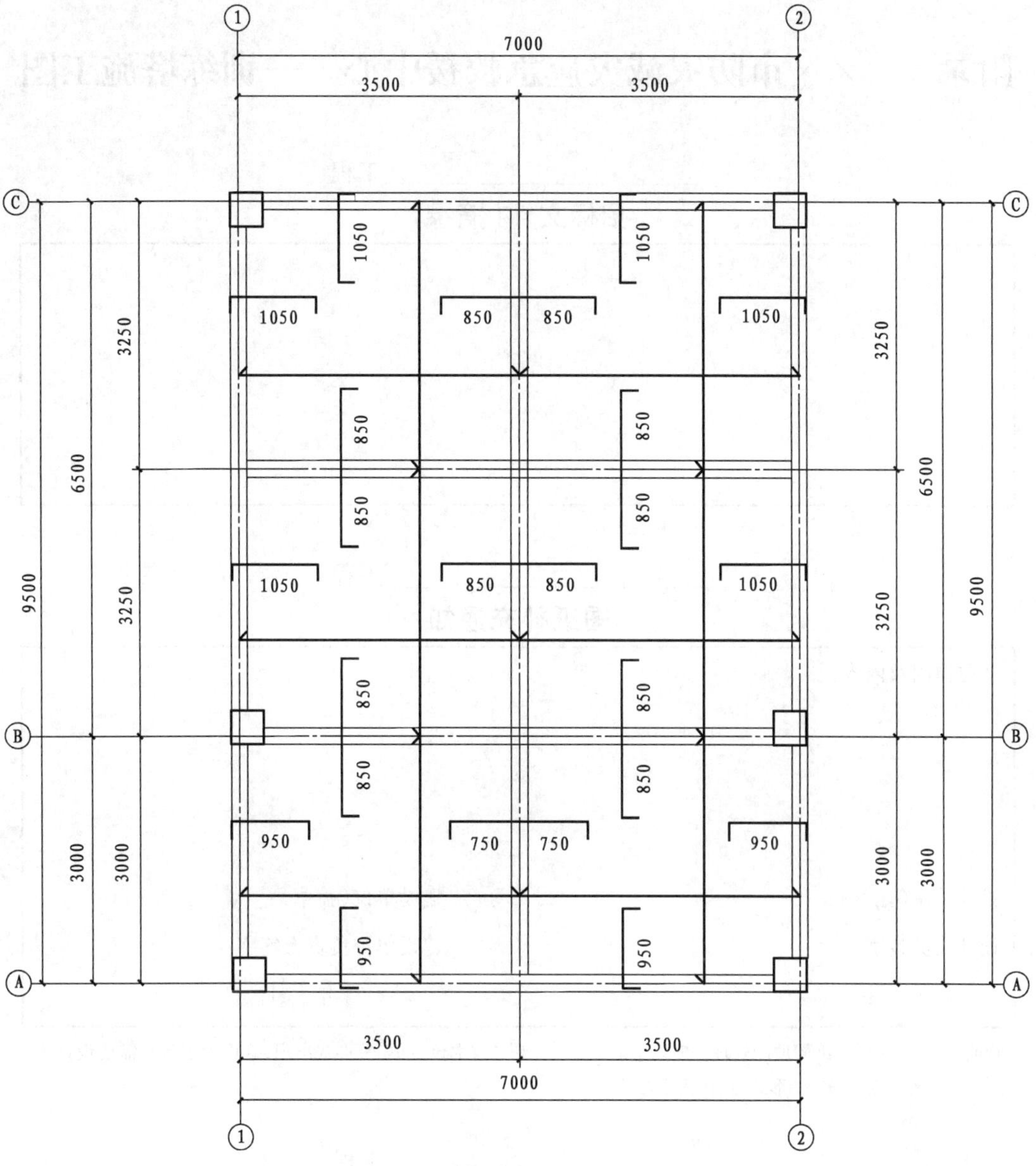

屋面层平面布置图

5.950 m

注：未标注的板厚为100 mm
未标注的板面负筋为$\phi^{R}8@200$
未标注的板底钢筋为$\phi^{R}6@140$
混凝土强度等级：C25

附录3　××市防灾减灾应急救援中心——训练塔施工图

______________工程

招标文件(摘录)

______________工程

图纸补充通知

变更原因及内容:	
设计单位(盖章):	建设单位(盖章):
设计人员签字:	建设单位负责人签字:
年　月　日	年　月　日

说明:工作中关于图纸问题的处理一般以"图纸会审纪要""技术核定单"等形式出现,这里为了教学需要设计为"图纸补充通知"的形式,仅作为学习使用。

______________工程

常规施工方案假设

××市防灾减灾应急救援中心——训练塔

建筑设计说明

一、设计依据
1.《民用建筑设计通则》(GB 50352—2005)；
2.《建筑设计防火规范》(GB 50016—2006)。

二、工程概况
本工程为××市防灾减灾应急救援中心——训练塔，建筑面积781.44 m^2，建筑高度38.650 m，设计使用年限50年。
建筑耐火等级二级，抗震烈度为7度设防，屋面防水等级为Ⅲ级。

三、相对标高
本设计相对标高±0.000，比室外自然地面高150 mm。

四、建筑材料
1. 墙体为200 mm厚空心页岩砖。其他主体材料见结构施工图。
2. 屋面为不上人屋面。

五、装修工程
水泥砂浆地面、楼面　西南04J 312 P4<3103> <3104>
混合砂浆喷涂料内墙面（仿瓷）西南04J 515<N04/4>
混合砂浆喷涂料顶棚（仿瓷）　西南04J 515<P04/12>
喷涂料外墙面　西南04J 516 P61<5301>

六、防水工程
屋面：屋面防水等级为Ⅲ级。防水材料采用高分子涂料一布二涂料。
屋面做法详见03J201-1第1页2301。

七、其他说明
1. 栏杆净高1 100 mm，做法见川07J05第42页节点1，且竖向杆件净距≤0.11 m。
2. 建筑结构须与电气照明、动力密切配合施工。
图中未尽事宜应遵守国家现行规范和规程。

图纸目录

序号	图号	图纸内容	图幅
1	01	建筑设计说明　一层平面图　标准层平面图	
2	02	顶层平面图　屋顶平面图	
3	03	①—②立面图　②—①立面图	
4	04	Ⓐ—Ⓑ立面图　Ⓑ—Ⓐ立面图 1—1剖面图　楼梯大样图	

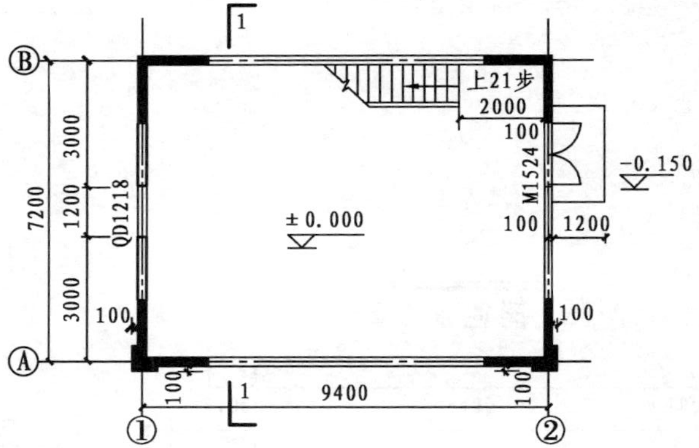

一层平面图　1:100

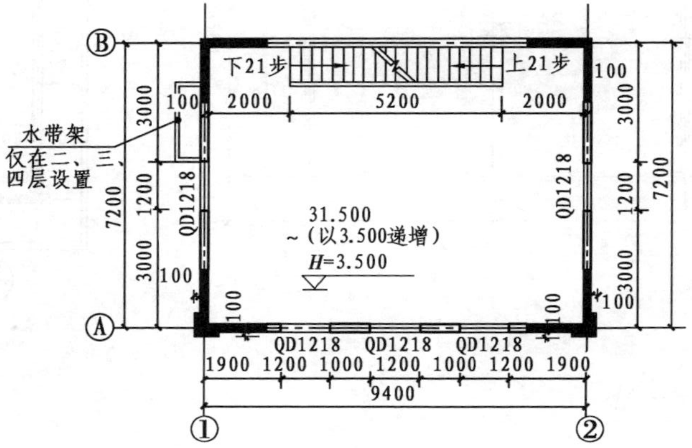

标准层平面图　1:100

图号	建施	图号	1/01
版次		日次	

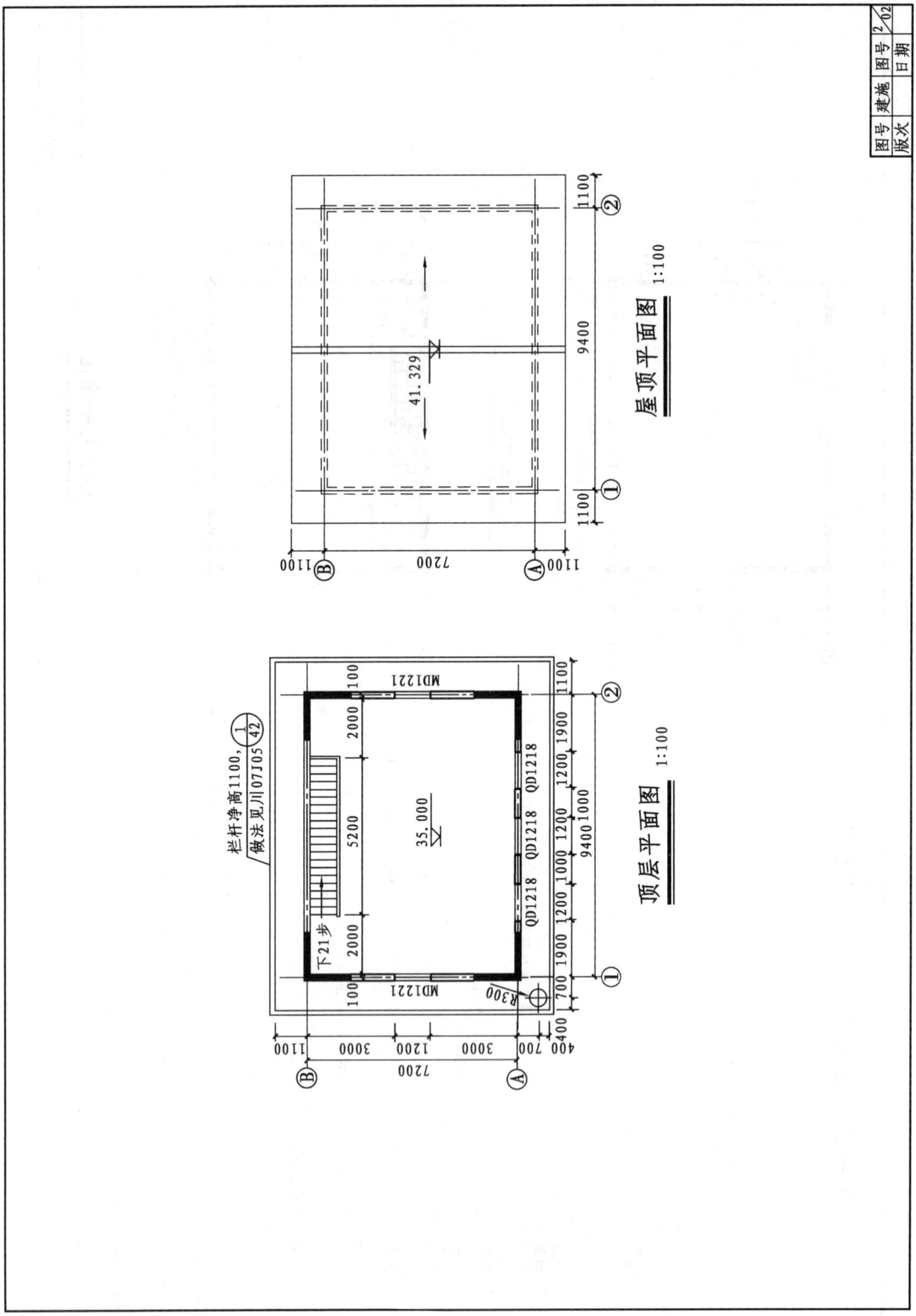
图号 建施 图号 2/02
版次 日期
屋顶平面图 1:100
41.329
顶层平面图 1:100
35.000
栏杆净高1100，做法见川07J05 1/42
下21步
MD1221
QD1218
R300
7200
9400
1100
3000
1200
2000
5200
1900
1000
700
400
100

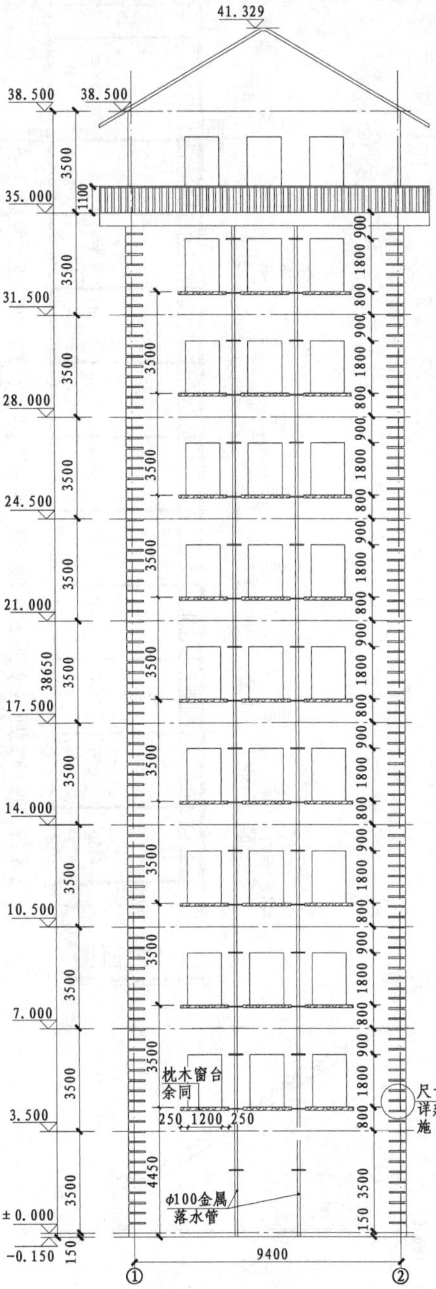

①—②立面图 1:100

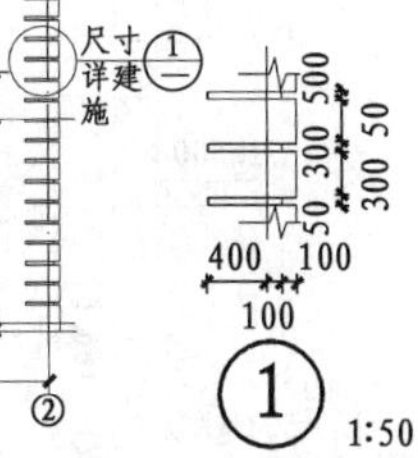

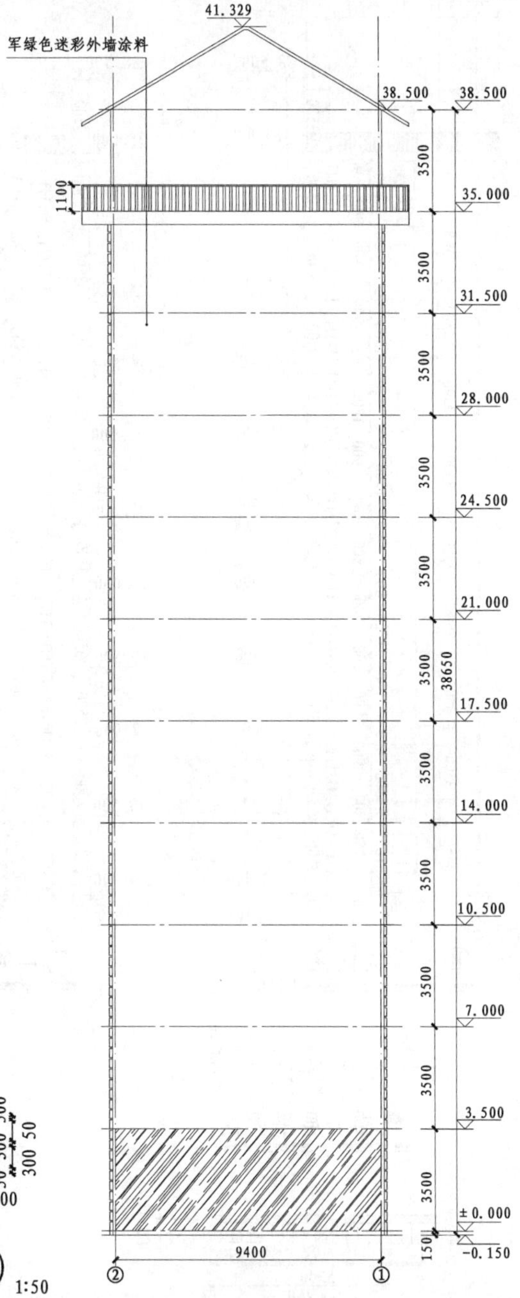

②—①立面图 1:100

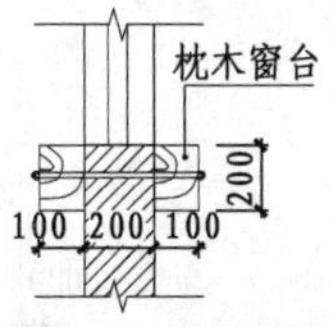

枕木窗台连接示意

图号	建施	图号	3/03
版次		日期	

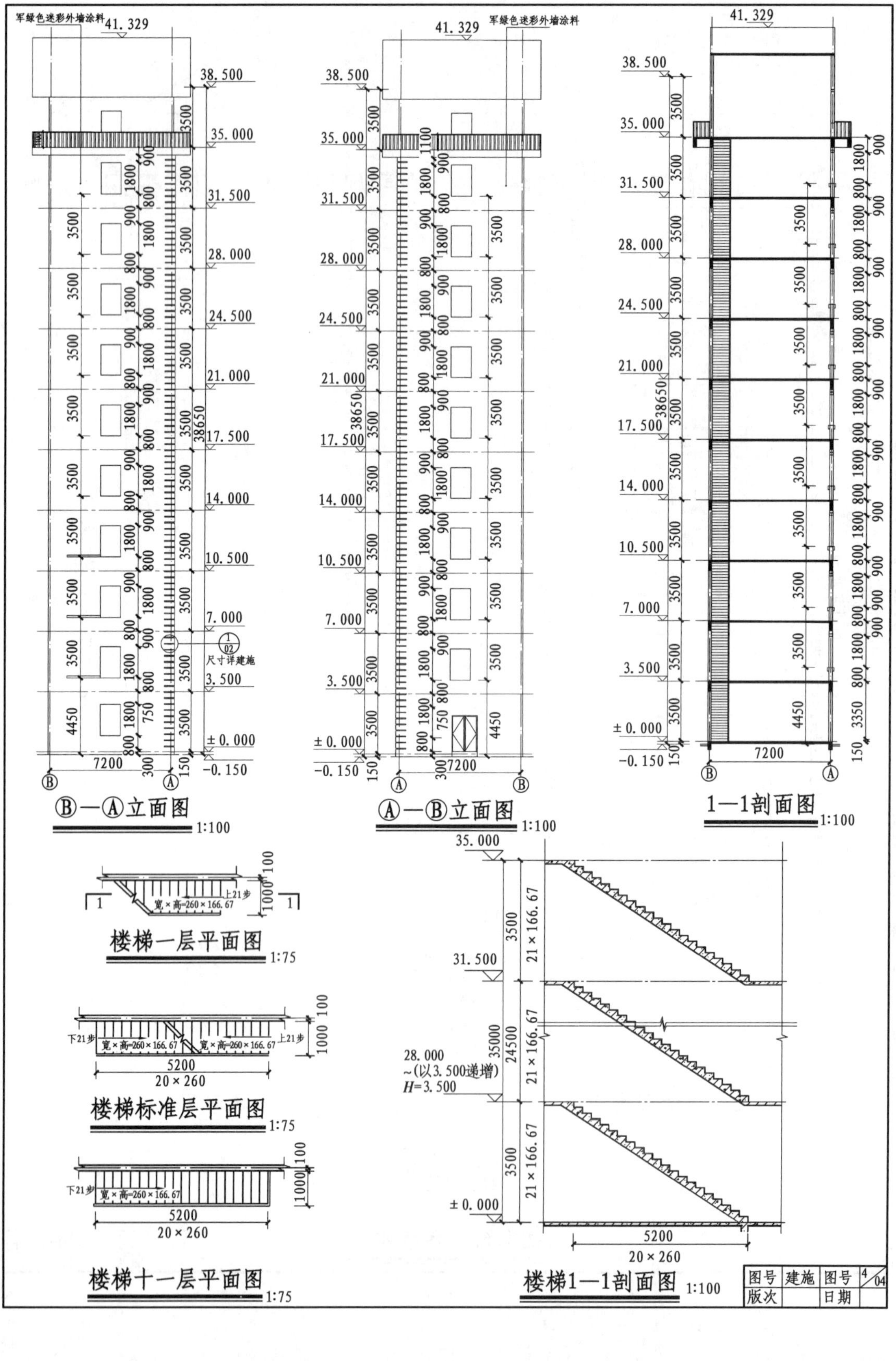
军绿色迷彩外墙涂料
41.329
38.500
35.000
31.500
28.000
24.500
21.000
17.500
14.000
10.500
7.000
3.500
±0.000
-0.150
38650
7200
尺寸详建施
Ⓑ—Ⓐ立面图 1:100
Ⓐ—Ⓑ立面图 1:100
1—1剖面图 1:100
上21步
宽×高=260×166.67
楼梯一层平面图 1:75
下21步
5200
20×260
楼梯标准层平面图 1:75
楼梯十一层平面图 1:75
21×166.67
28.000
~(以3.500递增)
H=3.500
楼梯1—1剖面图 1:100
图号 建施 图号 4/04
版次 日期

结构设计说明

1. 设计依据现行规范规程及建设单位提出的要求。
2. 本工程高以m为单位，其余尺寸以mm为单位。
3. 本工程为11层剪力墙结构，使用年限为50年。
4. 该建筑抗震设防烈度为7度，场地类别Ⅱ类，设计基本地震加速度0.10g。
5. 本工程结构安全等级为二级，耐火等级为二级，剪力墙抗震等级为二级。
6. 建筑结构抗震重要性类别为重点设防类。
7. 地基基础设计等级为乙级。
8. 本工程砌体施工等级为B级。
9. 本工程根据甲方提供的《××岩土工程勘察报告》进行基础设计，以粉质粘土层为持力层，特征值为180 kPa，基础施工前对应本工程地基进行施工勘察，基槽开挖完成后须经建设、设计、施工单位验收合格后方能继续施工。
10. 防潮层用1:2水泥砂浆掺5%水质量的防水剂，厚20 mm。
11. 除圈梁，构造柱用C20外，其余所有构件混凝土均采用C30。
12. 混凝土的保护层厚度：
    板：20 mm；　梁、柱：30 mm；　基础：40 mm。
13. 钢筋：HPB235级钢筋（ф）；HRB400级钢筋（⌀）；冷扎带肋钢筋CRB550（$ф^R$）；钢筋强度标准值应具有不小于95%的保证率。
    钢材除应具有抗拉强度、伸长率、屈服强度，碳、硫、磷含量的合格保证及冷弯试验的合格保证外，同时纵筋还应满足下述要求：
    （1）钢筋的抗拉强度实测值与强度实测值的比值不应小于1.25；
    （2）钢筋的屈服强度实测值与强度标准值的比值不应大于1.3；
    （3）钢筋在最大拉力下的总伸长率实测值不应小于9%。
14. L>4 m的板，要求支撑时起拱L/400（L为板跨）；L>4 m的梁，要求支模时跨中起拱L>400（L表示梁跨）；外露的雨罩、挑檐、挑板、天沟应每隔10~15 m设-10 mm的缝，钢筋不断，缝用沥青麻丝塞填。
15. 基础回填土要求分层夯实，其回填图的压实系数不小于0.94。
16. 未经技术鉴定或设计许可，不得更改结构的用途和使用环境。
17. 施工除应满足说明外，还应符合相关技术措施。
18. 选择规范：《建筑结构可靠度计算统一标准》（GB 50068—2001）
    《建筑工程抗震设防分类标准》（GB 50223—2008）
    《建筑地基基础设计规范》（GB 50007—2002）
    《建筑结构荷载规范》（2006年版）（GB 50009—2001）
    《混凝土结构设计规范》（GB 50010—2002）
    《建筑抗震设计规范》（2008年版）（GB 50011—2001）
    《冷扎带肋钢筋混凝土结构技术规程》（JGJ 95—2003）
    《建筑结构图标准》（GB/T 50105—2001）
    《四川省汶川地震灾区各市县乡镇地震动参数一览表》

采用的通用图集目录

序号	图集编号	图集名称
1	11G 101—1	混凝土结构施工图平面整体表示法
2	西南G701<四>	空心页岩砖填充墙构造图集
3	03G 322—1	钢筋混凝土过梁
选用标准图的构件及节点时应同时按照标准图说明施工		

非承重砌体材料用表

构件部位		砌块（砖）强度等级	砂浆强度等级
标高±0.000以上	外墙	200 mm厚空心页岩砖	M5混合　砂浆砌块材料容重≤10 kN/m³
	内墙	200 mm厚空心页岩砖	M5混合　砂浆砌块材料容重≤10 kN/m³
标高±0.000以下		实心页岩砖（MU10）	M5水泥　砂浆砌块材料容重≤19 kN/m³

注：填充墙及隔墙（断）的位置、厚度见建筑平面图。

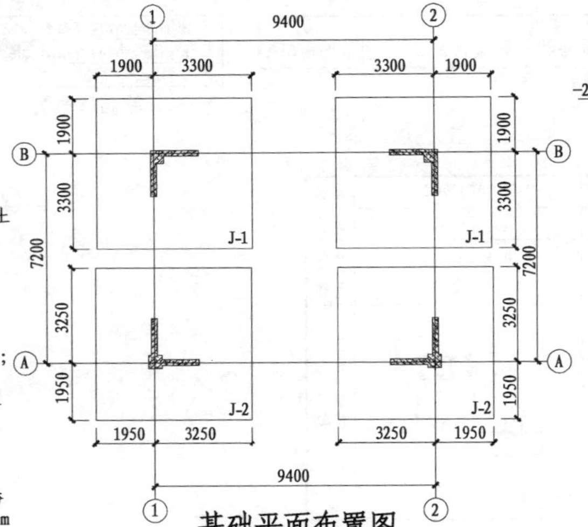

基础平面布置图

现浇筑的基础，其插筋的数量、直径以及钢筋种类与柱内纵向受力钢筋相同。插筋伸至基础底或伸至基础顶面下L_{aE}两者取大值。（L_{aE}=35d，d为柱筋直径）与柱主筋连接按《11G 101—1》相关节点施工。

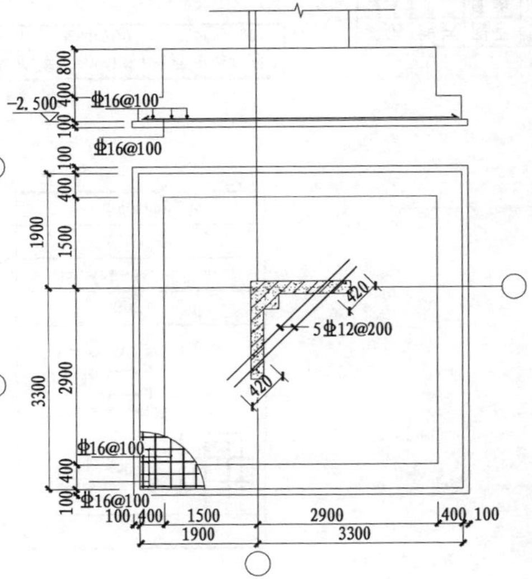

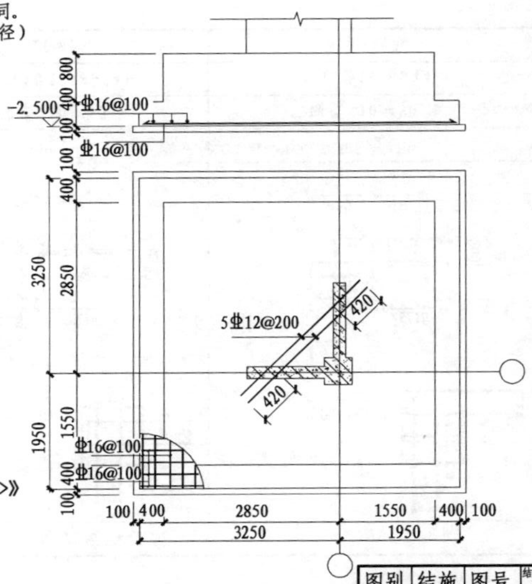

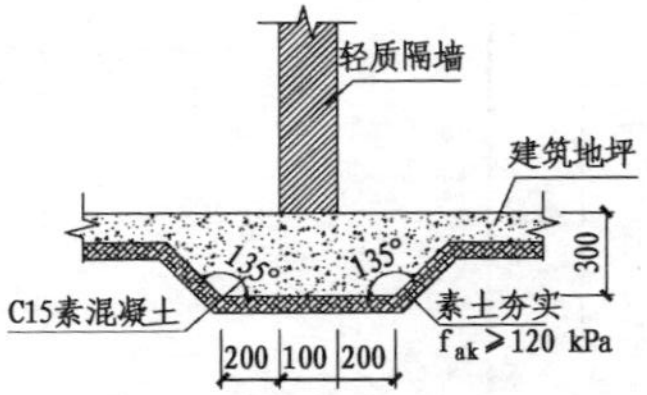

隔墙基础大样

室内隔墙位置详建筑施工图

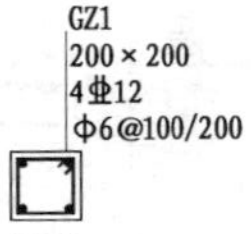

GZ1

构造柱位置按《西南G701<四>》进行设置

图别	结施	图号	结施1
版次		日期	

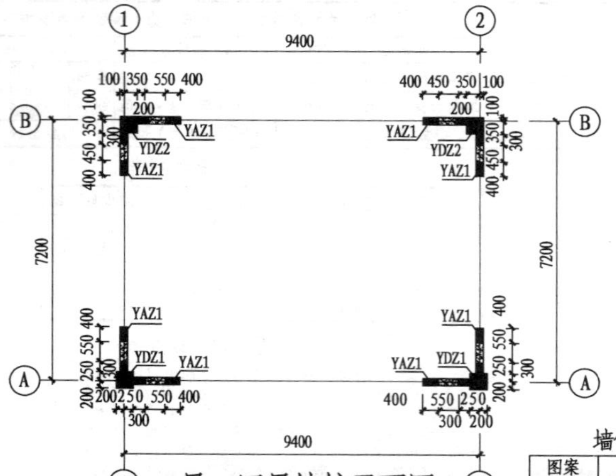

二层—四层墙柱平面图

1. 图中墙构件定位未明确者均沿轴线居中布置
2. 未注明的200 mm厚剪力墙为Q1

墙体对照表

图案	图案对应墙体
(黑色填充)	约束边缘构件阴影区
(斜线填充)	约束边缘构件非阴影区

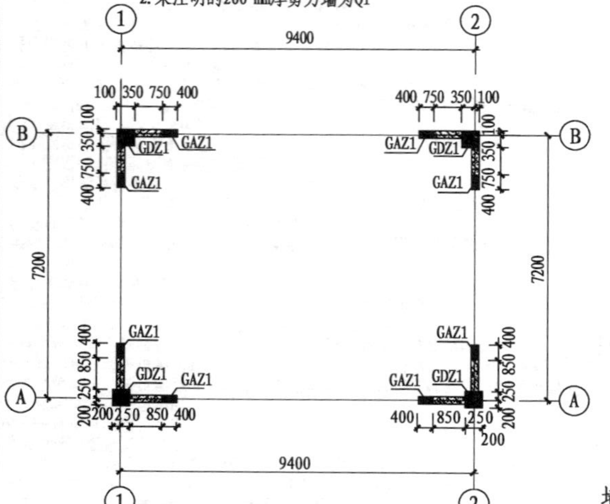

五层—局部屋面层墙柱平面图

1. 图中墙构件定位未明确者均沿轴线居中布置
2. 未注明的200 mm厚剪力墙为Q1

墙体对照表

图案	图案对应墙体
(黑色填充)	构造边缘构件阴影区
(斜线填充)	构造边缘构件非阴影区

剪力墙暗柱表

截面	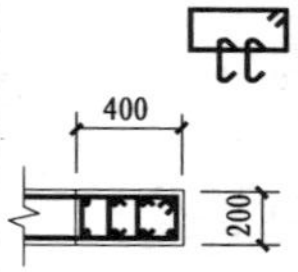	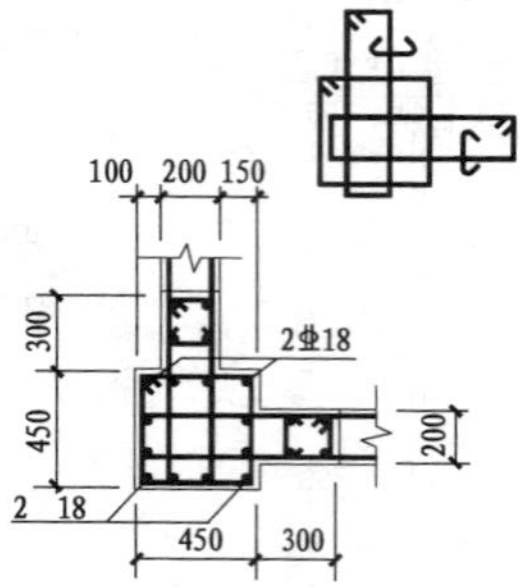	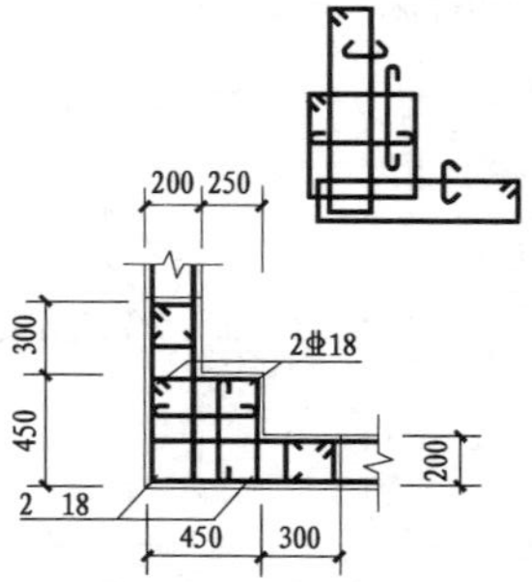
编号	YAZ1	YDZ1	YDZ2
标高	基础项~10.450 m	基础项~10.450 m	基础项~10.450 m
纵筋	8⌀14	8⌀14(4⌀18+8⌀14)	8⌀14(4⌀18+8⌀14)
箍筋	⌀10@100	⌀10@100	⌀10@100

剪力墙暗柱表

截面	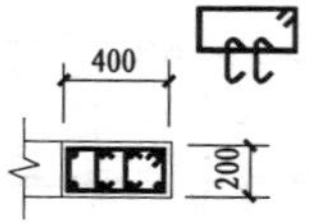	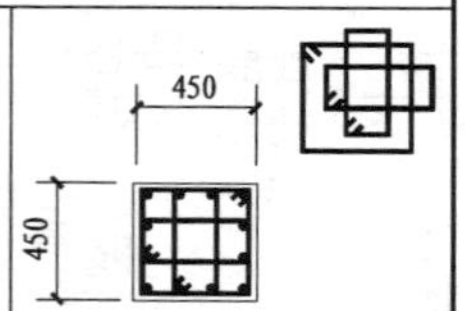
编号	GAZ1	GDZ1
标高	10.450~38.450 m	10.450~38.450 m
纵筋	8⌀12	12⌀14
箍筋	Φ8@100	Φ8@100

剪力墙配筋表

剪力墙编号	墙厚	钢筋排数	水平分部筋	竖向分布筋	拉筋（梅花形）
Q1	200	2	⌀8@200	⌀8@200	Φ6@400

图别	结施	图号	结施/2
版次		日期	

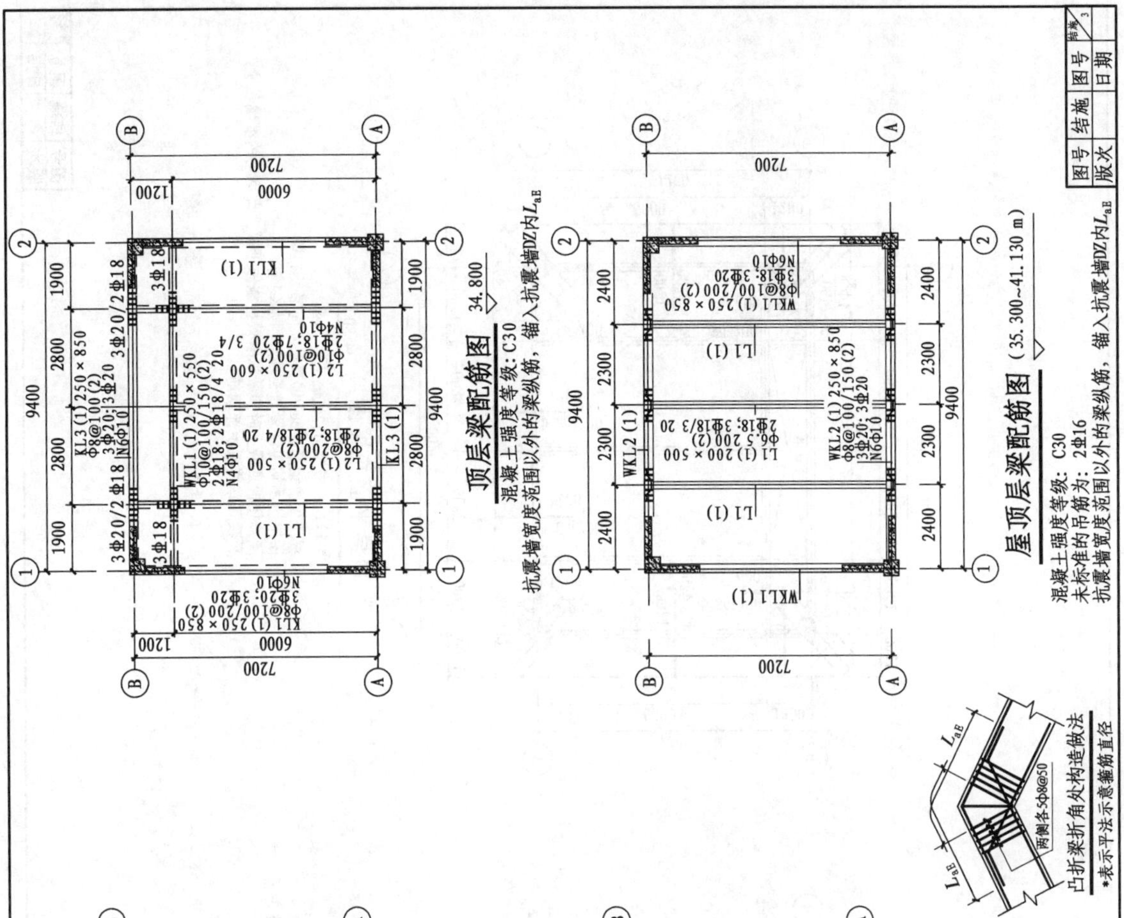
地梁层配筋图 −0.200 m（地梁顶面标高）
混凝土强度等级：C30
标准层配筋图
混凝土强度等级：C30
抗震墙宽度范围以外的梁纵筋，锚入抗震墙DZ内L_{aE}
顶层梁配筋图 34.800
混凝土强度等级：C30
抗震墙宽度范围以外的梁纵筋，锚入抗震墙DZ内L_{aE}
屋顶层梁配筋图（35.300~41.130 m）
混凝土强度等级：C30
未标准的吊筋为：2Φ16
抗震墙宽度范围以外的梁纵筋，锚入抗震墙DZ内L_{aE}
两侧各5Φ8@50
凸折梁折角处构造做法
*表示平法示意箍筋直径
图号 结施 图号
版次 日期

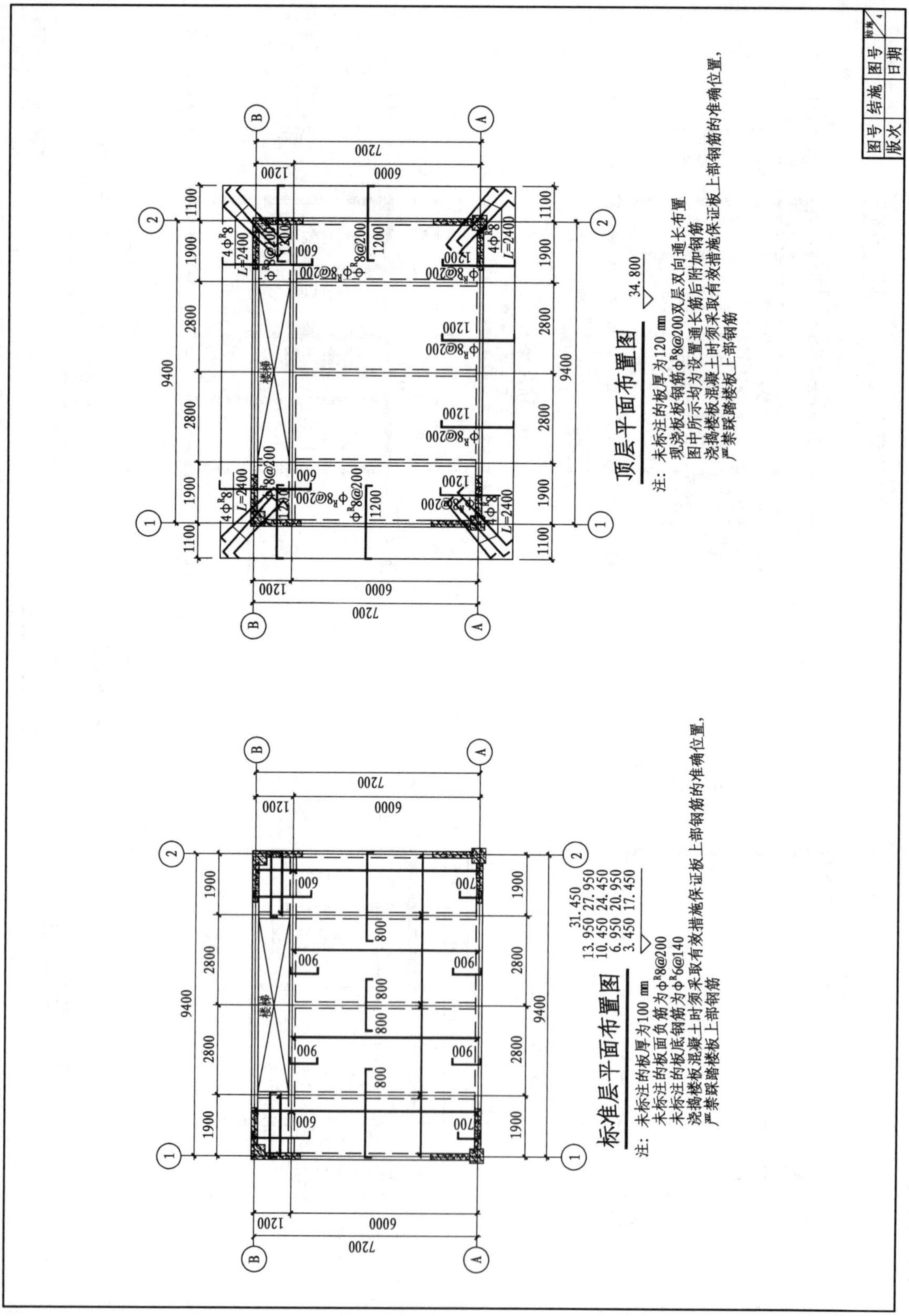
顶层平面布置图
34.800
注：未标注的板厚为120 mm
现浇板板钢筋ΦR8@200双层双向通长布置
图中所示均为设置通长筋后附加钢筋
浇捣楼板混凝土时须采取有效措施保证板上部钢筋的准确位置，
严禁踩踏楼板上部钢筋
标准层平面布置图
31.450
13.950 27.950
10.450 24.450
6.950 20.950
3.450 17.450
注：未标注的板厚为100 mm
未标注的板面负筋为ΦR8@200
未标注的板底钢筋为ΦR6@140
浇捣楼板混凝土时须采取有效措施保证板上部钢筋的准确位置，
严禁踩踏楼板上部钢筋
图号 结施 图号 结施 4
版次 日期

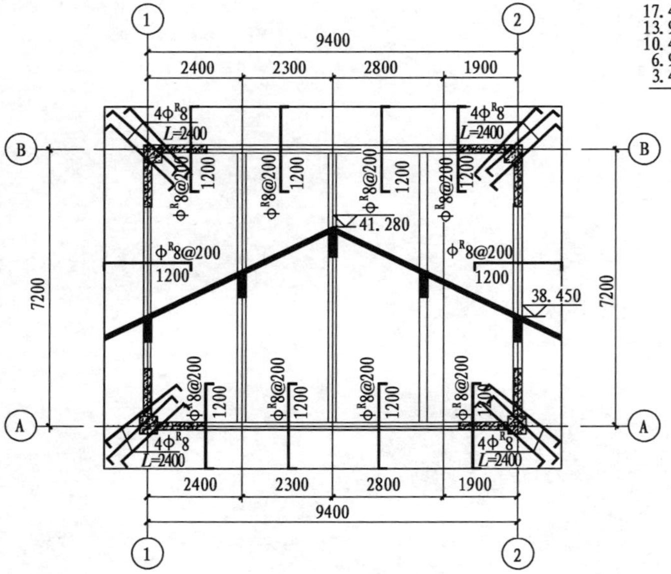

屋面层平面布置图 变数(35.450~41.280 m)

注：未标注的板厚为120 mm
现浇板板钢筋Φ^{R}8@200双层双向通长布置
图中所示均为设置通长筋后附加钢筋
浇捣楼板混凝土时须采取有效措施保证板上部钢筋的准确位置，
严禁踩踏楼板上部钢筋

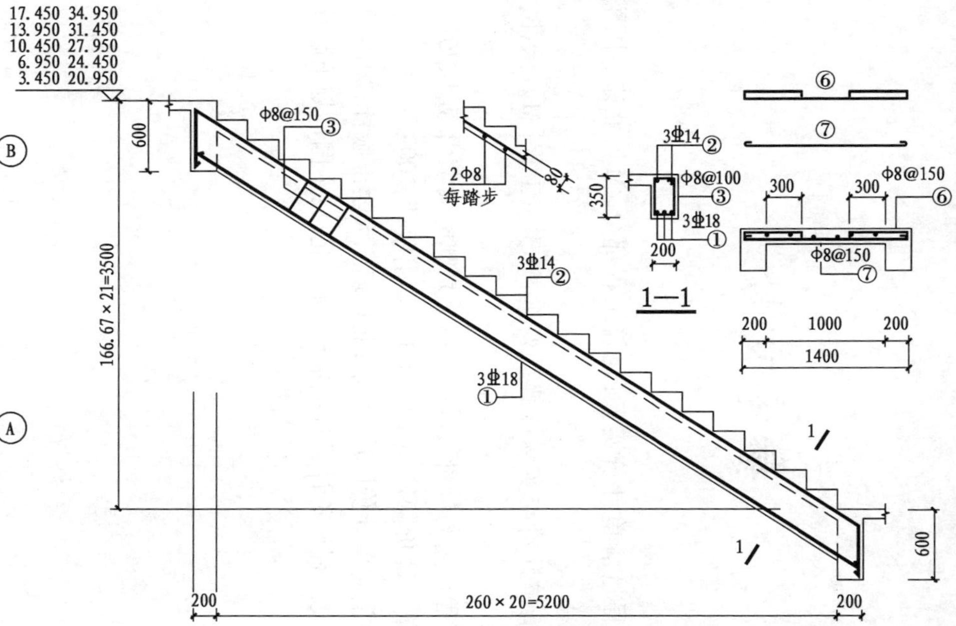

单跑楼梯详图

图号	结施	图号	结施 5
版次		日期	

参考文献

[1] 黄伟典.建设工程工程量清单计价实务:建筑工程部分[M].北京:中国建筑工业出版社,2012.

[2] 李志丹.图解工程量清单计价与实题详解系列丛书:建筑工程[M].天津:天津大学出版社,2009.

[3] 沈雪晶,刘丽.建筑工程计量与计价[M].北京:北京邮电大学出版社,2013.

[4] 冯占红.建筑工程计量与计价[M].上海:同济大学出版社,2009.

[5] 祁巧艳,韩永光.工程量清单计价[M].北京:北京理工大学出版社,2010.

[6] 规范编制组.2013 建设工程计价计量规范辅导[M].北京:中国计划出版社,2013.